机器视觉技术
专利分析研究

方 红 卢世晴 王 衍 施颖佳 著

科学技术文献出版社
SCIENTIFIC AND TECHNICAL DOCUMENTATION PRESS
·北京·

图书在版编目（CIP）数据

机器视觉技术专利分析研究/方红等著. —北京：科学技术文献出版社，2024.1
（2024.12重印）
　ISBN 978-7-5235-0471-0

　Ⅰ.①机…　Ⅱ.①方…　Ⅲ.①计算机视觉—专利—分析—世界　Ⅳ.①TP302.7-18

中国国家版本馆CIP数据核字（2023）第130557号

机器视觉技术专利分析研究

策划编辑：周国臻　责任编辑：李晓晨　侯依林　责任校对：张永霞　责任出版：张志平

出　版　者　科学技术文献出版社
地　　　址　北京市复兴路15号　邮编　100038
编　务　部　（010）58882938，58882087（传真）
发　行　部　（010）58882868，58882870（传真）
邮　购　部　（010）58882873
官 方 网 址　www.stdp.com.cn
发　行　者　科学技术文献出版社发行　全国各地新华书店经销
印　刷　者　北京虎彩文化传播有限公司
版　　　次　2024年1月第1版　2024年12月第2次印刷
开　　　本　710×1000　1/16
字　　　数　193千
印　　　张　13
书　　　号　ISBN 978-7-5235-0471-0
定　　　价　88.00元

前　言

随着科技的快速发展，工业4.0的浪潮汹涌而来。工业4.0被认为是第四次工业革命，它的核心在于通过数字化、自动化和互联化的手段实现工业生产的智能化和高效化，而机器视觉是实现工业自动化和智能化的关键核心技术，其在工业生产中的广泛应用使传统制造业焕发勃勃生机。机器视觉技术现已广泛应用于工业、农业、医学、安防、交通等领域，不断推进新一轮产业革命的到来。研究该领域的发展态势、技术热点与发展前景，对推动我国机器视觉领域发展、工业4.0转型意义重大。

本书采用专利分析、文献计量等研究方法，对国内外机器视觉技术开展了深度的专利研究。从机器视觉概念入手，对机器视觉整体发展态势进行了专利分析，将该技术拆解为硬件与应用两大板块，着重从专利角度梳理技术发展趋势、主要申请人、专利申请区域、主要技术领域和专利发展路线，其中特别关注了中美两国的技术热点差异。本书还深入分析了该领域国内外优势企业的专利构成与发展态势，为我国机器视觉产业的发展提供数据与信息支撑。

本书分为五个部分。第一部分（第一章）为背景介绍，概述了机器视觉的概念及特点、关键技术、技术优势，国内外机器视觉产业的主要政策与规划，并分析了机器视觉行业的具体情况。第二部分（第二章、第三章）主要采用专利分析方法，对国内外机器视觉的专利展开研究分析，从时间、地域、技术热点、申请人及核心专利等维度把握领域整体研究情况。第三部分（第四章、第五章）对机器视觉硬件与机器视觉应用两大板块分别梳理剖析，涵盖专利申请趋势、申请人、主要专利申请区域、主要技术领域和专利技术发展路线。第四部分（第六章、第七章）着重对国内外机器视觉领域的领先企业进行具体分析，介绍企业概况、企业专利申请趋势、企业核心专利、企业关键技术、主要发明人和团队，以及其近3年技术趋势分析。第五部分（第八章）对机器视觉作了研究总结，分析其发展前景，提出了对策建议。本书中专利数据来源为Derwent Innovation与incoPat全球科技分析营运平台。

由于机器视觉专利文献数据采集范围和专利分析工具的限制，加之作者水平有限，书中相关数据、结论及建议仅供各界参考，敬请各位专家和读者批评指正，不吝赐教！

方　红

2023年10月20日于西子湖畔

目　录

第一章

机器视觉概述

一、机器视觉技术概述

1.概念及特点

机器视觉技术，就是用计算机模拟人的视觉和分析能力，通过高像素的相机代替肉眼捕捉高清的图像，利用计算机强大的运算能力，结合人工智能、神经生物学、图像处理、计算机科学等学科知识代替我们的大脑，从客观图像中挖掘出丰富的信息，加以处理应用。在一些重复劳动、高危险、高精度的场景下可以做到机器代替人工操作。机器视觉技术最大的特点是通过无接触的方式，快速准确地从客观图像中提取到大量信息，进而对目标进行定位、检测、测量。

2.机器视觉中的关键技术

机器视觉技术是结合计算机科学、人工智能、图像处理、光学、机械等学科知识代替人类肉眼、大脑，从客观图像中发现规律特征，进而提取分析的一门学科。其中，光源的设计依赖于光学知识，成像系统设计的好坏影响到输入图像的质量，进而影响输出的准确性。

在缺陷检测、目标测量等众多机器视觉的应用场景下，机械机构的设计也发挥着重要作用，主要解决如何快速准确地对目标进行分拣、如何合理地检测目标的多个面等方面的问题。

人工智能、计算机科学、图像处理技术是机器视觉中的核心，相当于我们的大脑，对输入图像的特质进行提取分析。因此，机器视觉模型的设计极其重要，一般根据具体任务的差异，有不同的技术方案和模型选型，但总体的技术路线可以分为传统图像处理、机器学习、深度学习。

3.机器视觉的技术优势

机器视觉技术具有准确性高、效率高、安全稳定等优势。人工受身体状态、感情等各种因素影响，在工作时存在主观性强、稳定性差等劣势。在一些特殊场景，如深海检测，人工受限于环境，很难胜任；而在一些重复劳动，如缺陷检测等领域，完全可以做到机器换人，大大提高企业效益。

二、机器视觉的政策与规划

1.国内外机器视觉产业主要政策

（1）国外产业主要政策

美国战略和国际研究中心（CSIS）2018年3月1日发布了《美国机器智能国家战略》，针对机器智能（MI）在国防、教育、医疗保健和经济方面的应用提出了指导原则。美国方面很早就确立了机器智能在各行各业的重要作用。

（2）国内产业主要政策

机器视觉技术是智能制造业的关键一环，属于国家重点支持的行业，国务院及各政府部门相继出台了促进相关行业发展的行业法规和产业政策。早在2009年5月，国务院就发布了《装备制造业调整和振兴规划》，提出要大幅度提高自动化生产设备基础配套件和基础工艺水平；加快装备制造业企业兼并重组和产品更新换代，促进产业结构优化升级，全面提升产业竞争力。近年来，随着科技战的打响，国家加大了对智能制造机器视觉的投入力度，在2021年3月、4月相继颁布《"十四五"智能制造发展规划（征求意见稿）》和《中华人民共和国国民经济和社会发展第十四个五年规划和2035年远景目标纲要》，相关政策中都提到了制造业要完成智能制造数字化的转型。机器视觉技术作为智能制造环节中极其关键的一环，未来的发展是不可阻挡的。

2.国内外机器视觉产业发展规划

（1）国内行业发展规划

机器视觉是人工智能行业的重要前沿分支。我国在机器视觉方面的研究应用相较于欧美较晚，但市场潜力极大。随着"中国制造2025"等国家级战略的提出，机器视觉行业顺势迎来快速发展。机器视觉的应用已经从最初的汽车制造领域，扩展至如今消费电子、制药、食品包装等多个领域。在政策利好的驱动下，国内机器视觉行业快速发展，中国正在成为世界机器视觉发展最活跃的地区之一。

从"中国制造2025"战略提出至今，机器人产业突飞猛进，这也让作为机器人"眼睛"的机器视觉一路水涨船高。

国家"十四五"规划已经明确提出要培育先进制造业集群，要提升传统产业，要应用技术改造专项，鼓励企业应用先进的适用性技术。在工控领域，工业机器视觉就是一种典型的边缘工控系统，5G应用扬帆行动计划也明确提过要把5G和机器视觉相结合。

目前机器视觉行业在国内是应用的初级阶段，随着人力成本不断攀升、劳动力流失等问题日渐凸显，大量制造业企业开始引入自动化设备替代人工，并逐步扩大智能制造的应用规模。预计未来制造业自动化、智能化改造进程加速将推动机器视觉行业的发展。

（2）国外行业发展规划

从产业发展生命周期来看，国际机器视觉产业因为起步早，目前已经处于成熟期。预期未来几年内，欧美日机器视觉技术仍将不断有创新，机器视觉技术也将更广泛地落地，服务于大众；并且，随着5G、6G技术的高速发展，对于机器视觉的分布式处理有了无限遐想。

三、机器视觉行业分析

1.机器视觉产品

机器视觉技术现在广泛应用于我们的生活，如智慧城市、智慧医疗、缺陷检测、人脸检测。机器视觉产品也越来越成熟，知名的机器视觉产品提供商，国外的有康耐视、基恩士，国内有海康威视等。这些企业提供的机器视觉产品主要包含硬件和软件两部分。其中，硬件包括相机、镜头、光源、光源控制器等；针对具体的行业，也提供对应的软件服务，帮助企业实现快速落地。

2.机器视觉服务

机器视觉可服务于多个行业。在工业检测方面，传统的人工检测主观性强、检测速度慢、精度低，不适用于大型高速的生产现场。机器视觉技术具有非基础、速度快、稳定性强、精度高等优点，被广泛应用于缺陷检测、物体测量等场景，取得了巨大的经济效益与社会效益。在医学领域，机器视觉主要用于医学辅助诊断，如某些早期疾病的发现判断。在智能交通领域，可以通过高速摄像头对违章的车辆、行人进行识别判断。

3.机器视觉硬件

机器视觉系统涉及许多硬件，包括和一些传感器、PLC、微型计算机的配合；其中最重要的，也是组成一个机器视觉系统必不可缺的硬件是相机、镜头、光源。

（1）相机

相机一般采用高像素的工业相机。工业相机又可分为面阵相机和线阵相机。

面阵相机，应用面较广，价格较低，适用于目标位置、尺寸的测量。

线阵相机，适用于匀速不断运动的物体，如布匹、纸张、纤维检测等场景下。面阵相机会出现重影、不清晰等现象；而线阵相机是通过逐行扫描进行拼接的方式，对目标表面进行高精度的均匀检测，成像效果更好。

（2）镜头

镜头在机器视觉系统中承担了眼睛的作用，主要是用以调制光束，达到最佳成像效果，捕捉检测特征。

比起普通镜头，工业镜头针对性也更强，不追求全能，只追求一个方向的性能最佳。常见的工业镜头有手动变倍镜头、自动变倍镜头、自动对焦镜头、远心镜头等。

（3）光源

光源是机器视觉系统的重要组成部分，是观测物体的起点。光源的适合度直接关系到物体特征能否被观测到，以及图像的质量。光源有环状光源、条状光源等。

4.机器视觉软件

机器视觉软件是以机器视觉算法为核心构建的一整套软件系统，总体工作流程为：针对输入图像，通过机器视觉算法，得到处理结果，联动硬件如机械臂等结构进行相关操作。一般的，软件会对系统的输入输出进行展示存储，以及提供其他一系列图像处理的增值服务。

主流的机器视觉库有：侧重图像处理的图像软件Opencv、Halcon、美国康耐视（Cogrex）的visionpro；侧重算法的matlab、labview；侧重相机SDK开发的eVision等。

第二章

全球机器视觉专利分析

一、专利趋势分析

机器视觉技术领域的专利申请量存在明显阶段性。21世纪以前处于萌芽期，专利申请数量较少，每年度不足100件。随着计算机技术的发展，21世纪初研究投入力度加大，专利申请量开始增长，进入缓慢发展期。2010年以后，专利申请量激增，进入快速发展期，各研究机构与企业对机器视觉领域的研究加速。见图2-1-1。

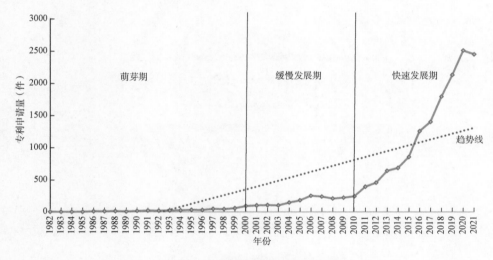

图2-1-1 全球机器视觉专利趋势

1.技术萌芽期：2000年之前

21世纪以前，机器视觉相关研究发展较为缓慢，处于实验探索中。这期间专利申请数量较少，主要集中在美国，其申请量达到321件，占84%左右，远高于其他国家。其次为日本19件、德国15件，其余国家的专利申请量不足10件。此阶段的专利申请人中，以美国康耐视的申请量最多，为64件，远高于其他企业；其次为美国施乐，申请量为7件；美国AT&T、日本欧姆龙、美国IBM的专利申请量均为6件。技术领域主要集中在G06T7/00（图像分析），申请量达到80件；其次为G06T1/00（通用图像数据处理），申请量为37件；位列第三的为G01N21/88（测试瑕疵、缺陷或污点的存在），申请量为20件。

2.缓慢发展期：2001—2010年

2001年机器视觉的专利达到123件，2010年增长到248件，10年间年均增长约13件。这期间美国依然为专利申请量最多的国家，达到1242件，占比为65%左右，远高于其他国家；其次为中国，专利申请量为361件，占比达到19%；其余国家的专利申请量均不足100件。美国Aptina Imaging的专利申请量占比最高，专利申请量为212件；美国美光科技有限公司的专利申请量为180件。专利申请量最多的技术领域为G06K9/00（用于阅读或识别印刷或书写字符或者用于识别图形，例如，指纹的方法或装置），共有207件；其次为G06T7/00（图像分析），共有164件；第三为H01L27/146（图像结构），共有116件。

3.快速发展期：2011年至今

2013年机器视觉的专利申请量突破500件，达到647件；2016年突破1000件，达到1266件；2020年高达2513件。由于专利从申请到公开至少需要1年的时间，故2021的专利申请量还会有所增加。其间，中国的专利申请数量最多，共有11 452件，占比达到77%，远高于其他国家；其次为美国2363件，占比16%；其他国家的专利申请量占比不足10%。中国大量研究机构涌现，北京百度网讯科技的专利申请量最多，共有182件；浙江大学、中国科学院、华南理工大学、广东工业大学、中国国家电网等机构的专利申请量也相对较多。技术领域集中在G06K9/00（用于阅读或识别印刷或书写字符或者用于识别图形，例如，指纹的方法或装置）、G06K9/62（应用电子设备进行识别的方法或装置）、G06T7/00（图像分析）、G06N3/04（体系结构，例如，互连拓扑）等方面。

二、专利申请区域分析

机器视觉领域研究实力较强的国家有中国、美国、韩国、印度、日本等。中国的专利申请总量最多，共有11 744件，占比达到70%，领先其他国家。美国的专利申请量为3820件，占比为23%左右；其他国家的专利申请总量不足5%。中国和美国的专利研究优势明显。以下对专利申请数量排名前10的国家和地区作具体分析。见图2-2-1。

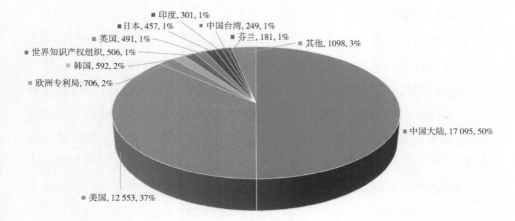

■ 印度，301，1%
■ 日本，457，1%   ■ 中国台湾，249，1%
■ 英国，491，1%   ■ 芬兰，181，1%   ■ 其他，1098，3%
■ 世界知识产权组织，506，1%
■ 韩国，592，2%
■ 欧洲专利局，706，2%
■ 中国大陆，17 095，50%
■ 美国，12 553，37%

图2-2-1　专利来源国家/地区（TOP10）情况

1.中国

2006年前处于萌芽期，发展较缓慢，专利数量不足30件。2007—2014年进入稳步发展阶段，从2007年的55件增长至2014年的480件，年均增长量约为61件。2015年以后快速发展，2020年超过2000件，达到了2063件。主要申请人有中南大学、浙江大学、北京百度网讯科技、广东工业大学、浙江工业大学、中国计量大学、江苏大学等。其中，中南大学和浙江大学的专利申请量接近，分别为117件和116件；北京百度网讯科技的专利申请量为103件；广东工业大学专利申请量为94件；浙江工业大学的专利申请量为78件。研究领域集中于G06K9/00（用于阅读或识别印刷或书写字符或者用于识别图形，例如，指纹的方法或装置）、G06K9/62（应用电子设备进行识别的方法或装置）、G06T7/00（图像分析）、G06N3/04（体系结构，例如，互连拓扑）、G06N3/08（学习方法）等方面。

2.美国

美国的专利申请量呈现波动上升的趋势。1982—1992年为萌芽期，专利申请量较少，年均不足20件，研究发展缓慢。1993—2006年进入第一个发展期，专利申请量递增，1999年达到50件，2004年超过100件，达到112件。2006—2010年的专利申请量出现逐年下降趋势，2010年的专利申请量仅为99件。2010年至今进入第二个快速发展期，2017年专利申请量突破200件，达到了236件；2019年的专利申请量最多，达到324件。主要申请人有美国美光科技、美国康耐视、美国Aptina Imaging、日本三丰（Mitutoyo）等。其中，美国美光科技的专利申请量最多，达到306件；其次为美国康耐视和美国Aptina Imaging，分别有专利218件和217件。研究领域集中于G06K9/00（用于阅读或识别印刷或书写字符或者用于识别图形，例如，指纹的方法或装置）、G06K9/62（应用电子设备进行识别的方法或装置）、G06T7/00（图像分析）、G06K9/46（图像特征或特性的抽取）等方面。

三、技术热点分析

1.专利技术分布图

通过专利地图分析发现，机器视觉的热点领域集中在Defect Detection Method（缺陷检测方法）、Fixing Plate（固定板）、Fifth Lens（第五镜头）、Feature Map（要素图）、Parking Space（停车位）、Target Tracking Method（目标跟踪方法）、Pixel Array（像素阵列）、Alarm Module（报警模块）、Unmanned Aerial Vehicle（无人机）、Focus System（聚焦系统）等内容。见图2-3-1。

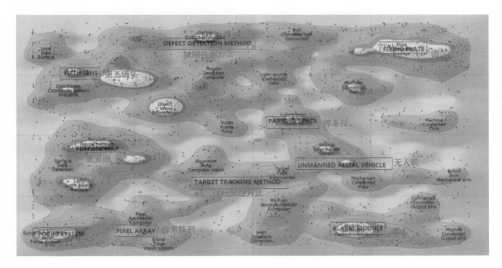

图2-3-1　热点领域分布图

中国在所有热点领域都有专利产出，相较于其他领域，在Defect Detection Method（缺陷检测方法）、Fixing Plate（固定板）、Alarm Module（报警

模块）、Feature Map（要素图）等领域的专利申请量较多。美国较为关注
Feature Map（要素图）、Focus System（聚焦系统）、Pixel Array（像素阵
列）、Detection System（探测系统）等方面内容。

美国Aptina Imaging、美国美光科技的专利基本集中在Focus System
（聚焦系统）领域，美国康耐视的专利分布十分广泛，涉及Detection（检
测）、Information（信息）等领域。北京百度网讯科技最关注的领域为Target
Tracking Method（目标跟踪方法），特别是Storage Medium（存储介质）、
Readable Storage Medium（可读存储介质）等方面。

技术萌芽期的专利量不多，几乎都来自美国，热点领域集中在Pixel Array
（像素阵列）、Fifth Lens（第五镜头）等领域，美国康耐视为主要申请人。
见图2-3-2。

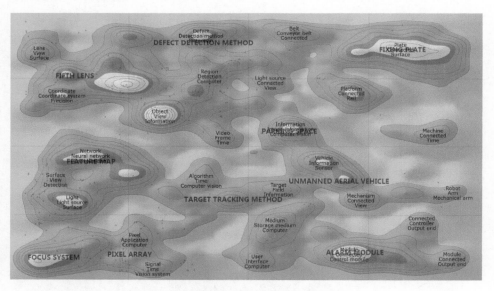

图2-3-2　技术萌芽期热点领域分布图

缓慢发展期的专利主要集中在Focus System（聚焦系统）、Pixel Array
（像素阵列）等领域，专利大部分都来源美国，中国开始有少量专利产出，
美国Aptina Imaging公司、美国美光科技的专利申请量较多。见图2-3-3。

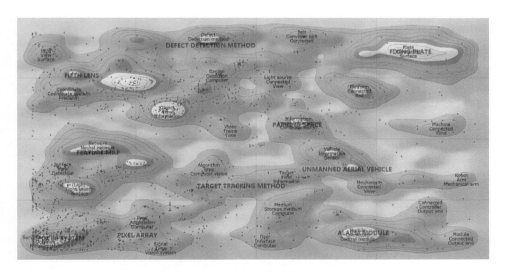

图2-3-3　缓慢发展期热点领域分布图

　　快速发展期各个领域均有大量专利产出，中国的专利申请量最多，其次为美国。美国Aptina Imaging、美国美光科技依然为优势企业，中国企业奋起直追，北京百度网讯科技、浙江大学、中国科学院大学等机构的专利产出量进入全球前十。见图2-3-4。

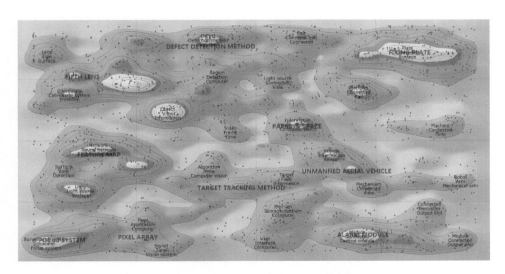

图2-3-4　快速发展期热点领域分布图

2.专利技术路线图

如图2-3-5所示，机器视觉领域在萌芽期专利的发展主要集中在识别和跟踪等方面，由于处于起步阶段，研发中处于探索期，专利的研究内容较为关注基础技术。其中，哥伦比亚大学（Univ British Columbia）公开的公开号为US6711293B1的专利，被引频次达到850次，该专利涉及图像识别，发明了一种用于识别图像中尺度不变特征的识别方法，以及使用这种特征来定位图像对象的设备。Lumba Vk等人公开的公开号为US6122042A的专利，被引频次为696次，主要是涉及一种用于光度分析和识别材料物体的性质的装置，其光检测器能够检测物体的辐射并产生检测信号，处理器能够控制光源，信号处理器能够分析检测信号，然后确定物体的物理特性。该装置能够将光度数据和其他测量数据组合，增强识别能力。CYBERNET公司（Cybernet Systems Corp）公开的公开号为US6173066B1的专利，被引频次达到596次，该专利涉及一种改进的姿态确定和跟踪方法，将3D对象与2D传感器匹配来确定和跟踪位置，可以应用于基于一个或一组对象的形状数据结构匹配和对象获取跟踪。

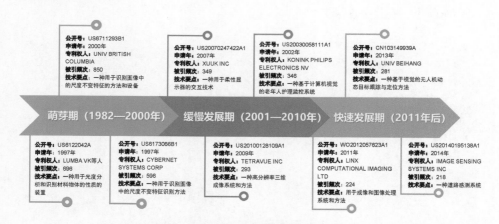

图2-3-5　机器视觉领域专利技术路线图

缓慢发展期，各研究机构开始研究方法的应用及方法的优化，比如Xuuk公开的公开号为US20070247422A1的专利，将机器视觉技术用于捕获柔性显示表面的位置、取向和形状，该专利的被引频次为349次，为缓慢发展期被引频次最高的专利；飞利浦公司（Konink Philips Electronics NV）公开的公开号为US20030058111A1的专利，将机器视觉应用于老年人护理监控系统中，能够捕获场景的图像数据，在图像数据中检测和跟踪目标人物，分析目标人物的特征，检测事件和行为，并通知给第三方；TETRAVUE公司公开的公开号为US20100128109A1的专利，提出了一种三维成像的系统和方法。

快速发展期机器视觉的应用范围更加广泛，北京航空航天大学公开的公开号为CN103149939A的专利，公开了一种基于视觉的无人机动态目标跟踪与定位方法，属于无人机导航领域；Image Sensing Systems公司公开的公开号为US20140195138A1的专利，公开了一种多个道路感测系统，能够检测或跟踪道路上的物体。

四、申请人分析

如图2-4-1所示，专利申请量位列前十的申请人有北京百度网讯科技有限公司、美国Aptina Imaging公司、美国美光科技公司、美国康耐视集团、浙江大学、中国科学院、华南理工大学、中国国家电网、广东工业大学、浙江工业大学，七成申请人来自中国，三成申请人来自美国，且50%申请人的主体属性为高校。

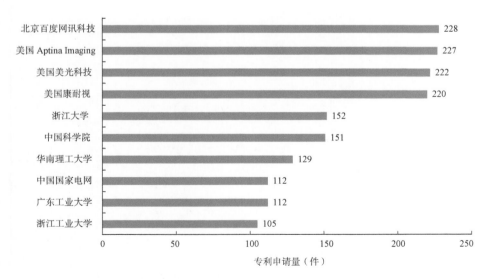

图2-4-1　全球申请人情况（TOP10）

北京百度网讯科技有限公司和美国Aptina Imaging公司的专利申请量接近，分别为228件和227件，占比均为14%。其中，美国Aptina Imaging公司有36件专利是和美国美光科技有限公司合作完成的，关注的领域有H01L27/146（图像结构）、H04N5/374（已编址传感器，例如，MOS或CMOS传感器）、H01L27/148（电荷耦合图像器件）等。北京百度网讯科技有限公司关注的领域有G06K9/62（应用电子设备进行识别的方法或装置）、G06K9/00（用于阅读或识别印刷或书写字符或者用于识别图形，例如，指纹的方法或装置）、G06N3/08（学习方法）、G06N3/04（体系结构，例如，互连拓扑）。美国美光科技公司和美国康耐视集团的专利申请量分别为222件和220件，占比均为13%，关注的领域有H01L27/146（图像结构）、H04N5/378（读取电路，例如，相关双采样〔CDS〕电路、输出放大器或者A/D转换器）、H01L27/148（电荷耦合图像器件）等方面。

五、核心专利分析

由表2-5-1可见，全球机器视觉领域被引频次TOP10的专利均来自美国，基本集中于2000年左右，IPC技术领域集中在G06K9/00（用于阅读或识别印刷或书写字符或者用于识别图形，例如，指纹的方法或装置）、G06K9/46（图像特征或特性的抽取）等领域。

表2-5-1　全球核心专利（被引频次TOP10）

公开号	公开日期	IPC-现版	被引频次（次）
US6711293B1	2004-03-23	G06K000946|G06T000700	850
US6122042A	2000-09-19	A61B000500|G01N002131|G01N002149|A61B0005103	696
US6173066B1	2001-01-09	G06F001730|G06K000964	596
US5528698A	1996-06-18	B60R002116|B60N000200|B60R002101|G06T000700|H01L0027148|B60R0021015	576
US5802220A	1998-09-01	G06K000900|G06T000720	548
US7003134B1	2006-02-21	G06K000900|G06T000700|G06T000720	467

公开号	公开日期	IPC-现版	被引频次（次）
US6140630A	2000-10-31	H01L0027146|H04N0005363|H04N0005369|H04N0005374|H04N00053745	435
US6130677A	2000-10-10	G06F000300|G06F000301|G06F0003033|G06F0003042|G06T001380	422
US6310366B1	2001-10-30	H01L002100|H01L0027146|H01L0027148|H01L0031062|H01L0031109|H01L003112|H01L003300|H04N0005335	419
US20070247422A1	2007-10-25	G09G000500	349

被引频次最多的是哥伦比亚大学（Univ British Columbia）公开的公开号为US6711293B1的专利，被引频次850次，其DWPI（德温特世界专利索引）标题为*Scale invariant features identification method in computer vision system, involves dividing each pixel region, based on the pixel amplitude extrema and producing component subregion descriptors for each subregion*，IPC分类号为G06K9/46、G06T7/00，是"图像特征或特性的抽取"和"图像分析"的技术分类。该专利涉及图像识别，发明了一种用于识别图像中尺度不变特征的识别方法，以及使用这种特征来定位图像对象的设备。

被引频次排行第二的是由LUMBAVK等人公开的公开号为US6122042A的专利，被引频次696次，其DWPI标题为"*Spectroscopic object characteristic identification device for biological analysis, emits light from light sources onto test object to scatter light based on which object characteristics is determined*"，IPC分类号为A61B5/00、G01N21/31、G01N21/49、A61B5/103，是"用于诊断目的的测量"、"测试材料在特定元素或分子的特征波长下的相对效应，例如原子吸收光谱术"、"固体或流体中的散射"和"用于诊断目的的测量人体或人体部分的形状、模式、尺寸或运动的测量装置"的技术分类。该专利发明了一种光学识别材料物体特性的方法，以及基于该方法的识别装置，能够在生物分析中对光谱对象特征进行识别，其方法为从光源向测试对象发射光源，根据光源确定对象特征，可用于生物分析、机器视觉、环境监测等，其优势在于提高实时识别目标的计算能力、速度及内存。

被引频次排行第三的是由CYBERNET公司（CYBERNET SYSTEMS CORP）公开的公开号为US6173066B1的专利，被引频次596次，其DWPI标题为 *"Three=dimensional object recognizing method for computer vision and automated shape recognitioninvolves determining whether portion of three=dimensional object is contained within zoned area of interest"*，IPC分类号为G06F17/30和G06K9/64，其中G06F17/30转入了G06F16/00-G06F16/958是"电数字数据处理"相关的技术分类，此外该专利还涉及"应用带有许多基准的多个图像信号的同时比较或相关的，例如，电阻矩阵"的技术分类。该专利涉及一种三维物体的识别方法，改进了传统的分割方法，采用姿态确定和跟踪方法，利用了多自由度数据拟合和匹配过滤，将三维对象细分为单个特征图像，利用传感器接收数字化场景，再进行分区对比。

第三章

中国机器视觉
专利分析

一、专利趋势分析

如图3-1-1所示，中国机器视觉技术领域的专利申请量整体呈现上升趋势。2006年以前处于萌芽期，专利申请数量较少，年度申请量不足30件。2007—2014年，专利申请量开始增长，进入缓慢发展期。2015年以后，专利申请量的增加速度更快，进入快速发展期，2021年已经达到2707件。

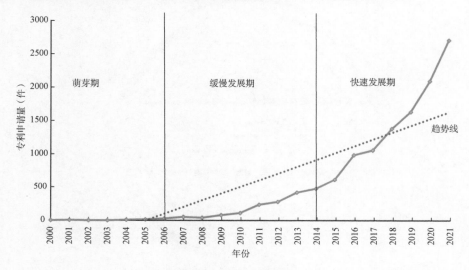

图3-1-1　中国机器视觉专利趋势

1.技术萌芽期：2006年之前

2006年以前，机器视觉相关研究发展较为缓慢，处于发展探索中，专利申请数量较少，年度申请量不足50件。上海交通大学的专利申请量最多，共有10件，占比达到17%；其次为浙江工业大学，共有6件，占比为10%；电子科技大学中山学院和北京航空航天大学的专利申请量为5件，占比为9%。技术领域主要集中在G06K9/00（用于阅读或识别印刷或书写字符或者用于识别图形，例如，指纹的方法或装置）、G06T7/00（图像分析）、H04L25/02（零部件）等方面。

2.缓慢发展期：2007—2014年

2007年的专利申请量为55件，2010年专利数量突破100件达到113件，2014年增长到480件，7年间大幅增长。中国科学院为申请量最多的申请人，共有46件专利，占比为10%；江南大学和浙江大学的专利申请量为42件，占比均为

9%。专利申请量最多的技术领域为G06T7/00（图像分析），占比为12%；其次为G01N21/88（测试瑕疵、缺陷或污点的存在）和G01B11/00（以采用光学方法为特征的计量设备），占比为11%；其余领域的专利申请量占比不足10%。

3.快速发展期：2015年至今

2015年专利申请量突破500件达到619件，2017年突破1000件达到1061件，2021年高达2707件。北京百度网讯科技有限公司的专利申请量最多，共有214件，占比达到14%；其次为浙江大学、浙江工业大学、广东工业大学和中国国家电网，申请量分别为108件、106件、100件，专利申请量占比均为7%。技术领域集中在G06K9/62（应用电子设备进行识别的方法或装置）、G06K9/00（用于阅读或识别印刷或书写字符或者用于识别图形，例如，指纹的方法或装置）、G06N3/04（体系结构，如互连拓扑）、G06T7/00（图像分析）等方面。

二、专利申请区域分析

如图3-2-1所示，机器视觉领域研究实力较强的省份有江苏、广东、北京、浙江、上海、湖北、山东、四川、陕西和天津等。江苏的专利申请总量最多，共有1939件，占比达到16%；其次为广东，专利申请总量为1923件，占比与江苏相同；北京的专利申请总量为1185件，占比达到10%。

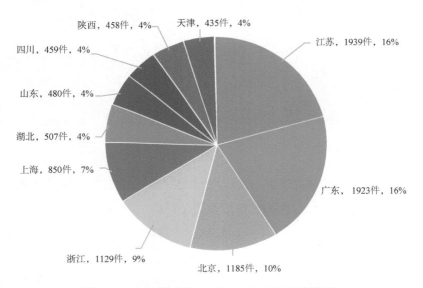

图3-2-1　不同省份（TOP10）专利申请情况

三、技术热点分析

1.专利技术分布图

如图3-3-1所示，通过专利地图分析发现，中国机器视觉的热点领域集中在Transverse Plate（横板）、Non-Transitory Computer（非暂态计算机）、Surface Defect Detection Method（表面缺陷检测方法）、Positive Lens（凸透镜）、End Of The Base（基座底端）、Welding System（焊接系统）、Module Whose Signal Output End（信号输出端模块）、Verification Set（验证集）、Convolutional（卷积的）、Target Tracking Method（目标跟踪方法）、Unmanned Aerial Vehicle（无人机）、Alarm Module（报警模块）等内容，其中Target Tracking Method（目标跟踪方法）、Unmanned Aerial Vehicle（无人机）、Alarm Module（报警模块）既为中国研究热点，也是全球的研究热点。

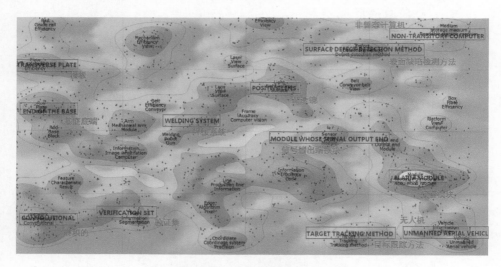

图3-3-1　热点领域分布图

不同机构关注的热点不同，企业的研究热点更加集中，高校的研究范围更加广泛，比如，北京百度网讯科技有限公司最关注的热点为Non-Transitory Computer（非暂态计算机）、Convolutional（卷积的）等模块，而浙江大学、中国科学院、中南大学等研究机构在各热点领域均有专利产出。

如图3-3-2所示，萌芽期热点领域的专利申请量较少，主要申请人有浙江大学、上海交通大学等高校，企业的专利数量较少。

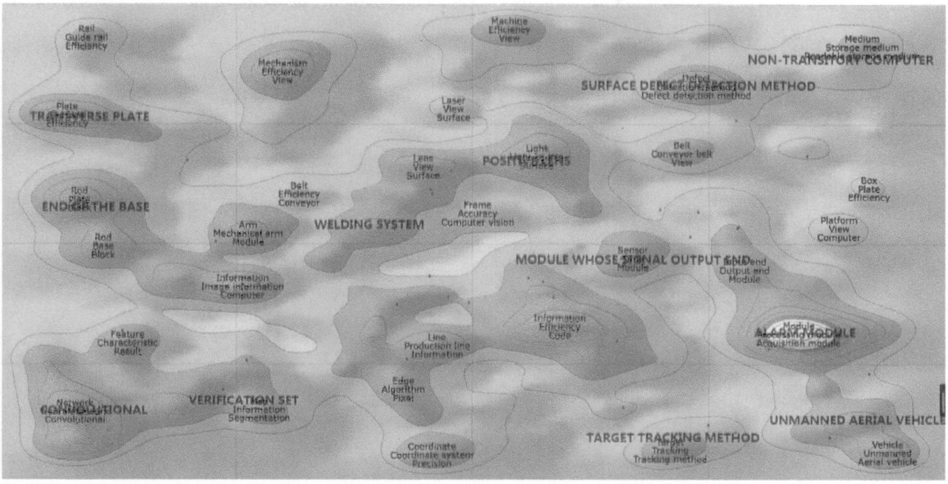

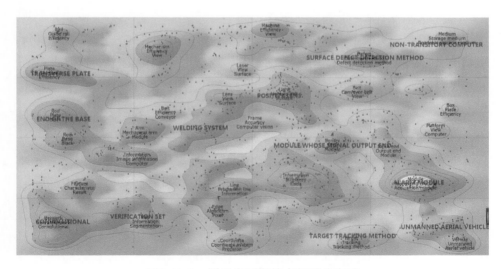

图3-3-2　萌芽期热点领域分布图

如图3-3-3所示，缓慢发展期的热点集中在Module Whose Signal Output End（信号输出端模块）、Positive Lens（凸透镜）、Unmanned Aerial Vehicle（无人机）等模块。申请人数量增多，有江南大学、浙江大学和浙江工业大学等研究机构，但是企业的研发优势不明显。

图3-3-3　缓慢发展期热点领域分布图

如图3-3-4所示，快速发展期在Verification Set（验证集）、Convolutional（卷积的）、Transverse Plate（横板）等领域申请的专利数量较多。高校研究机构依然为研究主力，此外不少优势企业凸显，如北京百度网讯科技、中国国家电网、杭州海康威视公司等企业。

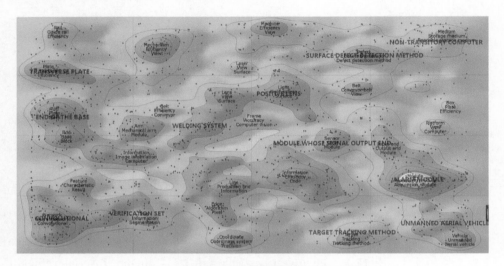

图3-3-4　快速发展期热点领域分布图

2.专利技术路线图

如图3-3-5所示，中国机器视觉领域的发展从提出到发展经历了较长的过程和一系列变化，主要集中在车辆、无人机、相机等研究主体上。萌芽期较有代表性的专利有王海燕发明的涉及基于机器视觉的车辆检测和跟踪方法及系统，被引频次116次，该方法包括图像采集、图像预处理、图像背景提取和更新、识别目标和跟踪目标等步骤；浙江工业大学（Univ Zhejiang Technology）发明的公开号为CN1852428A的专利，被引频次为71次，该专利提出了一种基于全方位计算机视觉的智能隧道安全监控装置，包括微处理器、用于监视隧道现场的视频传感器、与外界通信的通信模块，其微处理器包括图像数据读取模块、文件存储模块、现场实时播放模块，能够实时播放监视现场画面，其视频传感器与微处理器通信连接，利用全方位计算机视觉传感器对隧道现场进行监视，不断进行图像处理和分析；北京航空航天大学

（Univ Beihang）发明的公开号为CN101109640A的专利，被引频次为68次，提出了一种基于视觉的无人驾驶飞机自主着陆导航系统，由软件算法及硬件装置组成，其软件算法包括了计算机视觉算法及信息融合和状态估计算法。

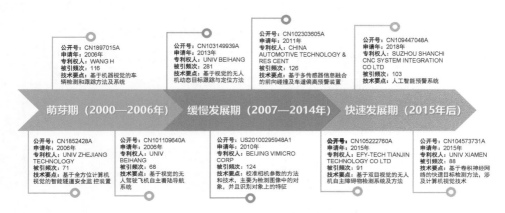

图3-3-5　中国机器视觉领域专利技术路线图

缓慢发展期中具有代表性的专利被引频次较高。由北京航空航天大学（Univ Beihang）发明的公开号为CN103149939A的专利，被引频次为281次，该专利提到了一种基于视觉的无人机动态目标跟踪与定位方法，所述方法包括视频处理、动态目标的检测和图像跟踪。由中国汽车技术研究中心有限公司（China Automotive Technology&Res Cent）发明的公开号为CN102303605A的专利，被引频次达到126次，提出一种基于多传感器信息融合的前向碰撞及车道偏离预警装置及预警方法，该预警方法中采用了视觉与雷达相结合的方法。由中星微电子公司（Beijing Vimicro Corp）公开的专利号为US20100295948A1的专利，被引频次达到124次，该专利提供了一种校准相机参数的方法和技术，主要为检测图像中的对象，能够识别对象上的特征。

快速发展期中，由苏州闪驰数控系统集成有限公司（Suzhou Shanchi Cnc System Integration Co Ltd）公开的公开号为CN109447048A的专利，被引频次为103次，该发明涉及一种人工智能预警系统，包括智能物联与风险因素数据采集系统、风险因素管理系统、云计算、云存储、云数据库、人工智能预警操作系统、人工智能预警服务器、互联网+分布式预警警亭、五级人工智能预警系统、四级人工智能预警系统、三级人工智能预警系统、二级人工智能预警系统、一级人工智能预警系统。该发明通过人工智能预警系统对风险因素进行采集、对比分析、推理、评估、云计算、云存储、分级报警、应对防控，实现了对警亭周边布控点进行全天候24小时监控，用户可实现信息共享，提高信息资源利用率，可为维护边疆稳定加大安全保障。由飞智控（天津）科技有限公司（Efy-Tech Tianjin Technology Co Ltd）发明的公开号为CN105222760A的专利，被引频次达到91次，提出了一种基于双目视觉的无人机自主障碍物检测系统及方法。由厦门大学（Univ Xiamen）发明的公开号为CN104573731A的专利，被引频次达到88次，提出了一种基于卷积神经网络的快速目标检测方法，涉及计算机视觉技术，显著提高了检测效率和目标检测精度。

四、申请人分析

如图3-4-1所示，中国专利申请量位列前十的申请人有北京百度网讯科技有限公司、浙江大学、中国科学院、华南理工大学、广东工业大学、国家电网、浙江工业大学、中国计量大学、杭州海康威视有限公司、北京航空航天大学，七成申请人为高校，仅有3家为企业，可见中国高校的科研实力较强，但同时存在专利产业化程度不高的问题。

北京百度网讯科技有限公司的专利申请量最多，达到228件，有99%的专利都是法律有效的状态，关注的领域有G06K9/62（应用电子设备进行识别的方法或装置）、G06N3/08（学习方法）、G06N3/04（体系结构，例如，互连拓扑）、G06K9/00（用于阅读或识别印刷或书写字符或者用于识别图形，例如，指纹的方法或装置）等。浙江大学的专利申请量为152件，有68%的专利当前的法律状态为有效，关注的领域为G06T7/00（图像分析）、G06K9/62（应用电子设备进行识别的方法或装置）、G06N3/04（体系结构，例如，互连拓扑）等。中国科学院的专利申请量为144件，有78%的专利法律状态为有效，关注的领域有G06K9/62（应用电子设备进行识别的方法或装置）、G06N3/04（体系结构，例如，互连拓扑）、G06N3/08（学习方法）等。华南理工大学的申请量为124，有72%的专利法律状态为有效，关注的领域有

G06K9/00（用于阅读或识别印刷或书写字符或者用于识别图形，例如，指纹的方法或装置）、G06K9/62（应用电子设备进行识别的方法或装置）、G01N21/88（测试瑕疵、缺陷或污点的存在）等。

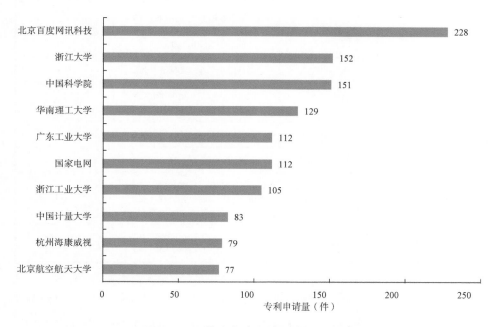

图3-4-1　中国申请人情况（TOP10）

五、核心专利分析

由表3-5-1可见，中国机器视觉领域被引频次TOP10的专利一半来自高校，一半来自企业，大部分都集中在缓慢发展期中，IPC技术领域集中在G06K9/00（用于阅读或识别印刷或书写字符或者用于识别图形，例如，指纹的方法或装置）领域。

表3-5-1　中国核心专利（被引频次TOP10）

公开号	公开日期	IPC-现版	被引频次（次）
CN103149939A	2013-06-12	G05D000112 | G06T000720	281
CN102303605A	2012-01-04	B60W003008 | B60W004002 | G01S001393 | H04N000718	126

公开号	公开日期	IPC-现版	被引频次（次）
US20100295948A1	2010-11-25	H04N001706	124
CN1897015A	2007-01-17	G06K000900 | G06K000946 | G06K000978 | G06T000700 | G08G000101	116
CN101032405A	2007-09-12	A61B000516 | G06F001900	109
CN101183427A	2008-05-21	G06K000900 | G06K000934 | G06K000936 | G06K000964	107
CN102707724A	2012-10-03	G05D000110 | G01C001100	106
CN102538781A	2012-07-04	G01C002100 | G01C002116	103
CN109447048A	2019-03-08	G06K000900 | G06F0016901 | G06F0016903 | G06F001727 | G06K000962	103
CN101391589A	2009-03-25	B60Q000900 | B60Q001100 | B60R002100 | B60R002112	99

被引频次最多的是北京航空航天大学公开的公开号为CN103149939A的专利，被引频次281次，其DWPI标题为*Unmanned plane based dynamic target tracking and positioning method, involves determining dynamic target image by user, determining characteristic point of dynamic target image, and tracking dynamic target on ground*，IPC分类号为G05D1/12和G06T7/20，是"寻找目标的控制""运动分析"。该发明公开了一种基于视觉的无人机动态目标跟踪与定位方法，包括视频处理、动态目标检测、图像跟踪、云台伺服控制、影像与现实环境对应关系建立等，能够进一步测量摄像机与动态目标之间的距离，完成动态目标的精确定位，自主跟踪地面动态目标飞行。该发明不需要人的全程参与，可自行完成对运动目标的检测、图像跟踪，具有自动偏转光轴，使动态目标始终呈现在成像平面中央，还能够在获取无人机高度信息的基础上实时测量无人机与动态目标之间的距离，从而实现对动态目标的定位，以此作为反馈信号，形成闭环控制，引导无人机的跟踪飞行。

被引频次排行第二的是由中国汽车技术研究中心有限公司公开的公开号

为CN102303605A的专利，被引频次126次，其DWPI标题为"*Early warning device for vehicle, has millimeter wave radar sensor which detects obstacle in lane surface, and complementary metal-oxide semiconductor (CMOS) camera unit which obtains marked information of lane surface*"，IPC分类号为B60W30/08、B60W40/02、G01S13/93和H04N7/18，是"预测或避免可能的或即将到来的碰撞的"、"涉及周围的路况"、"防撞系统"和"闭路电视系统，即电视信号不广播的系统"的技术分类。该发明公开了一种基于多传感器信息融合的前向碰撞及车道偏离预警装置，包括毫米波雷达、通信接口模块、摄像机、图像采集模块、显示及报警模块和车载处理单元，其车载处理单元可对通信接口模块和图像采集模块的雷达信号和机器视觉信息进行融合处理。该发明通过雷达、摄像机发现车辆行驶中潜在的碰撞危险，为驾驶员提供警示信息，采用视觉与雷达相结合的方法，从根本上提高了汽车防撞防偏离的准确率。

被引频次排行第三的是由中星微电子公司公开的公开号为US20100295948A1的专利，被引频次124次，其DWPI标题为"*Camera calibration method for e.g. computer vision applications involves calculating calibration parameters of camera according to vanishing points and vanishing line*"，IPC分类号为H04N17/06，是"对记录装置的"的技术分类。该专利公开了一种用于校准相机参数的方法和技术，能够检测图像上的对象，识别对象上的特征。首先构造基于物体特征的透视平行线，从收敛的透视平行线确定消失点；再根据消失点定义消失线；最后根据消失点、消失线和已知尺寸或已知摄像机角度，标定摄像机的焦距等内参数和倾斜角、摇摄角等外参数，标定后的摄像机参数可用于精确的摄影测量和计算机视觉应用。

第四章

机器视觉硬件
专利分析

本章内，笔者将在对机器视觉硬件所有相关专利总体分析之后，选取较有代表性的3个细分领域展开分析。

一、机器视觉硬件总体专利分析

1.专利趋势分析

对全球所有机器视觉硬件专利[①]以申请年为x轴、申请量为y轴主坐标轴，申请量年增长率为y轴次坐标轴，作全球机器视觉硬件专利全球年申请量折线图及年增长率柱状图如图4-1-1所示。

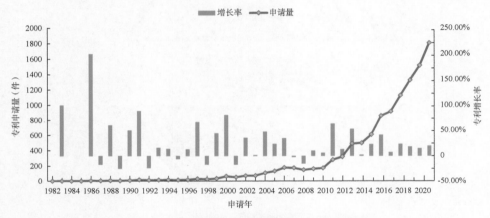

图4-1-1　全球机器视觉硬件专利申请趋势

由图4-1-1可知，虽然早在1982年就开始有机器视觉硬件的专利申请，但直至1996年，每年专利申请量仍不足20项，专利申请数量少，1982—1996年可视为机器视觉硬件的技术萌芽期。该阶段技术研究方向主要集中在G06T7/00（图像分析）、G06T1/00（通用图像数据处理）与G01N21/88（测试瑕疵、缺陷或污点的存在）技术领域。

1997年起，专利申请数量开始明显上升，进入技术成长期，2004年申请量首次突破至三位数。该阶段的技术研究重点转向H01L27/146（图像结构）、G06K9/00（用于阅读或识别印刷或书写字符或者用于识别图形，例如，指纹的方法或装置）技术领域，但G06T7/00（图像分析）仍是主攻方向之一。2011年，机器视觉硬件技术迈入高速发展期，该年专利申请量跃升至

---

① 截至2021年12月31日，本章其余数据亦同。

近300件，年增长率达63.22%。此后9年里，申请量连续正增长，2020年机器视觉硬件的年专利申请量攀升至1472件的峰值。此阶段，G06K9/00（用于阅读或识别印刷或书写字符或者用于识别图形，例如，指纹的方法或装置）、G06T7/00（图像分析）技术领域的热度不降反升，再次成为最受关注的技术赛道，前者共有1073件专利，占比20%；后者共有799件专利，占比15%。值得一提的是，近5年机器视觉硬件相关专利的申请量共计6273件，占所有机器视觉硬件专利申请量的57.46%，这表明机器视觉硬件产业是当下的朝阳产业，从趋势看，相关专利申请量将继续保持上涨趋势。

2.申请人分析

对全球机器视觉硬件TOP10申请人的专利申请相关指标进行统计（包括专利申请时间区间、近3年记录比率[①]等），如表4-1-1所示。

表4-1-1　全球机器视觉硬件主要申请人专利指标

排名	申请人	专利申请量（件）	专利申请时间区间	近3年记录比率
1	美国Aptina Imaging	226	1998—2014年	0% of 226
2	美国美光科技	206	1998—2021年	2% of 206
3	美国康耐视	124	1991—2021年	6% of 124
4	浙江大学	109	2006—2021年	26% of 109
5	美国美光半导体	100	1998—2018年	0% of 100
6	美国安森美半导体元件	78	2005—2020年	3% of 78
7	广东工业大学	76	2007—2021年	17% of 76
8	华南理工大学	76	2007—2021年	21% of 76
9	中国科学院	72	2000—2021年	25% of 72
10	浙江工业大学	67	2005—2021年	18% of 67

由表4-1-1易得，全球机器视觉硬件排行前十申请人由美国与中国包揽，二者各占50%。排名前五的申请人中，80%为美国企业，美国的实力整体强于

---

① 指近3年（2019—2021年）申请的专利占其所有相关专利的比例，下同。

中国。美国康耐视集团（Cognex CORP.）于1991年就开始机器视觉硬件的申请并坚持至今，活跃期限长达31年。与美国康耐视类似，美国Aptina Imaging（Aptina Imaging CORP.）、美国美光科技（Micron Technology INC.）、美国美光半导体（Micron Semiconductor Products INC.）均较早（1998年）就开始机器视觉硬件领域的研发工作，而安森美半导体元件工业公司（Semiconductor Components Industries.）2005年才进入该领域；除美国Aptina Imaging因在2014年被安森美半导体收购而终止外，其余公司均长期坚持该领域的研发投入。

中国的申请人在机器视觉硬件领域的起步相对较晚，最早迈入机器视觉硬件研发领域的是中国科学院（2000年），比美国最早迈入该领域的康耐视集团晚了9年。浙江工业大学（2005年）、浙江大学（2006年）、广东工业大学（2007年）和华南理工大学（2007年）起步相对更晚，但中国申请人的专利申请量增速较快。上述5个申请人均将"图像分析（包括特征参数的确定和场景分析）"作为重点技术研发方向。值得一提的是，表中中国申请人近3年的机器视觉硬件专利申请比率（近3年申请的专利占其全部专利的百分比）在17%～25%，创新活力较为旺盛，发展势头良好。而表中的美国申请人近3年申请专利记录比率均不大于6%，数值极低，相关研发成果较为停滞，中国申请人的个体实力呈现赶追态势。

排名前十的申请人中，美国以企业为主、中国以高校和科研院所为主，说明美国在此领域处于完全产业化阶段，而中方的产业化程度不足，高校的研究成果没有得到有力转化。

3.专利申请区域分析

在DI（德温特创新平台）中对全球机器视觉硬件技术专利优先权国家/地区信息进行统计，绘制全球机器视觉硬件技术优先权专利申请量的国家/地区分布如表4-1-2所示。

在专利数量上，中国大陆处于绝对领先地位，占据机器视觉硬件产业技术所有优先权专利的69.23%，这表明中国大陆的企业和科研单位非常重视机器视觉硬件技术的研发，主要申请人有浙江大学、华南理工大学、广东工业大学等单位。美国以2434件专利位居第二，主要申请人有美国Aptina Imaging、美光科技、康耐视等企业。来自中美两国的机器视觉硬件专利占全球总申请量的91.51%。韩国、印度、日本的专利申请全球占比均在1%~2%，排名第3至第5位。

表4-1-2　全球机器视觉硬件专利

国家/地区	硬件专利数（件）	国家/地区	硬件专利数（件）
中国大陆	7566	EP	98
美国	2434	WO	94
韩国	192	英国	70
印度	131	俄罗斯	52
日本	111	中国台湾	42

以优先权年为x轴、专利申请量为y轴，绘制机器视觉硬件主要技术来源国的专利申请趋势如图4-1-2所示。由该图可见，美国20世纪80年代就已在该技术领域先行申请专利，步入技术孕育期，在2009年以前，美国稳坐该领域技术发展头把交椅，实力明显高于其他国家；我国机器视觉硬件技术起步相对较晚，第一项专利出现在2000年，随后进入技术萌芽期，直到2006年才迈入初步发展期；2009年，美国的机器视觉硬件专利申请脚步进一步放缓，而中国年专利申请量反超美国，之后更是呈现井喷式增长态势，2020年专利申请量达历史峰值的1213件。从发展趋势看，可以说中国、美国引领了机器视觉硬件技术的发展。虽然就单个申请人而言，美国仍在个体实力中占上风，但就总体实力和创新活力来说，中国是当今的领跑者。

4.主要技术领域分析

图4-1-3展示了机器视觉硬件技术全球专利ThemeScape地图分析结果。可以看出，研究热点主要集中在End Of The Machine Vision Module（端部机器视觉模块）、Pressing Plate（压板）、Mechanism Efficiency Plate（机件效率板）、Object Side（目标对象侧）、Electric Push Rod（电动推杆）、Robot Main Body（机器人主体）、Scanner（扫描仪）等技术领域。其中，端部机器视觉模块、机件效率板和机器人主体是近5年业界尤为关注的内容。

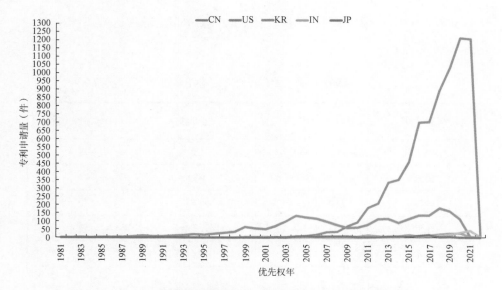

图4-1-2　机器视觉硬件技术主要国家专利申请年度分布

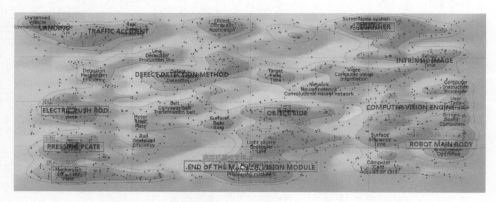

图4-1-3　机器视觉硬件技术全球专利ThemeScape地图

　　图4-1-4展示了中国与美国在机器视觉硬件技术全球专利ThemeScape地图中的专利分布情况。其中，中国专利由红点标注，美国专利由绿点标注。由下图易见，中国在所有热点领域均有专利产出，且相对而言更关注End Of The Machine Vision Module（端部机器视觉模块）、Pressing Plate（压板）、Robot Main Body（机器人主体）和Mechanism Efficiency Plate（机件效率板）技术领域。美国的专利分布则较为集中，主要聚焦于Scanner（扫描仪）、

Intrinsic Image（内在图像）和Computer Instruction Processor（计算机指令处理器）领域。

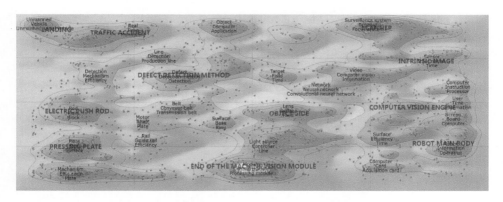

图4-1-4　机器视觉硬件技术专利ThemeScape地图——中美专利分布图

5.专利技术发展路线

图4-1-5展示了机器视觉硬件技术的发展历程，经历了技术萌芽期、技术成长期和技术高速发展期3个阶段。由于处于技术探索起步期，萌芽期（1982—1996年）的专利倾向于基础技术研发，较为关注系统设计等方面的内容。公开号为US5200818A的专利是该时期最受关注的专利，由NETA INBAL等人于1991年申请，被引频次287次。该发明涉及一种具有交互式窗口功能的视频成像系统，此系统具有大孔径角的多传感器光学模块和输出场景的两个视频或数字图像的电子接口，通过向接口装置添加电子模块，可以利用独特的光学传感器获得任意数量的窗口。萌芽期较有影响力的专利还有公开号为US5768443A和US5297061A的专利。US5768443A由康耐视在1995年申请，被引频次262次，提供了一种用于多摄像机机器视觉系统中的方法，其中多个摄像机中的每一个同时获取感兴趣对象的不同部分的图像。该发明使得能够精确地协调多个摄像机的视场，使得即使在每个视场内存在图像失真的情况下，也能够在多个视场中精确地执行精准测量。US5297061A由马里兰大学于1993年申请，被引频次257，涉及一种计算机视觉监控的三维瞄准装置，即用于监视刚性3D物体在空间中的位置和取向的装置。

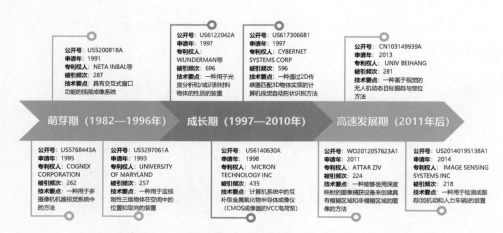

图4-1-5　机器视觉硬件专利技术发展路线图

技术成长期（1997—2010年），各申请人开始研发机器视觉识别成像相应装置的优化。如Wunderman等人公开号为US6122042A的专利，提供了一种用于光度分析和/或识别材料物体的性质的装置，包括具有基本上不同波长包络并以不同组合的快速序列激活的光源的集合，被引频次达696次。Cybernet Systems公司公开号为US6173066B1的专利，发明了一种通过将3D对象与2D传感器匹配，改进而来的姿态确定和跟踪方法，被引频次达596次。美光科技公开号为US6140630A的专利公开了一种CMOS成像器的VCC泵浦，被引频次435次。该CMOS成像器件包括连接到传感器单元的复位栅极、转移栅极和行选择栅极中的一个或多个的电荷泵，并提供栅极控制信号，所述栅极控制信号能够使成像器件增加动态范围电荷容量的同时，实现信号泄漏最小化。电荷泵还可以向电池中使用的光电栅极提供控制信号。

高速发展期（2011年至今）的机器视觉硬件技术拓展于更广泛的领域，尤其关注三维成像、动态追踪等内容。例如，北京航空航天大学公开号为CN103149939A的发明，公开了一种基于机器视觉的无人机动态目标跟踪与定位方法，属于无人机导航领域。Attar Ziv公开号为WO2012057623A的发明专利提供了一种能够使用深度映射的图像捕获设备来创建具有模糊区域和非模糊区域的图像的方法。Image Sensing Systems公司公开号为US20140195138A1的专利提供了一种用于检测或跟踪（如机动和人力车辆）的装置。

二、机器视觉相机专利分析

1.专利趋势分析

对全球机器视觉相机专利以申请年为x轴、申请量为y轴主坐标轴、申请量年增长率为y轴次坐标轴，作全球机器视觉相机专利全球年申请量折线图及年增长率柱状图如下。

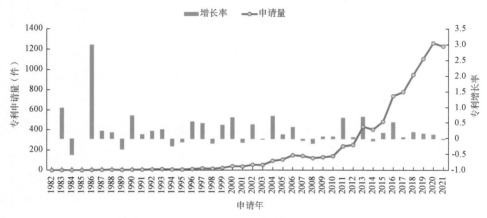

图4-2-1 全球机器视觉相机专利申请趋势

图4-2-1分析了全球机器视觉相机专利申请趋势，可知全球机器视觉相机专利技术发展大致可分为3个阶段，且其发展趋势与全球机器视觉硬件专利技术发展趋势极为契合。

第一阶段（1982—1996年），技术萌芽期。该阶段申请专利数量极少，每年专利申请量不足20件。专利申请主要来自美国，英国和日本也有零星成果；申请主力是美国康耐视、贝尔实验室和东北机器人公司（Northeast Robotics Llc.）；专利技术主要集中在G06T7/00（图像分析）、G06T1/00（通用图像数据处理）与G01N21/88（测试瑕疵、缺陷或污点的存在）技术领域。

第二阶段（1997—2010年），技术成长期。该阶段专利申请数量开始明显上升，除美国有大量专利成果产出之外，中国也积极开展机器视觉相机技术方面的研究，进行相关专利申请。申请主力是美国美光科技、康耐视和中国浙江大学等。这一时期的技术热点集中在H01L27/146（图像结构）、G06K9/00（用于阅读或识别印刷或书写字符或者用于识别图形，例如，指纹的方法或装置）和G06T7/00（图像分析）技术领域。

第三阶段（2011年至今），技术高速发展期。专利申请数量飞速增长，2020年达到年专利申请量峰值1261件。专利申请主要来自中国、美国、韩国和印度，其中中国专利申请量增长尤为迅速。这一时期的申请主力是中国浙江大学、中国计量大学、华南理工大学等。这个时期的研究主要侧重于G06K9/00（用于阅读或识别印刷或书写字符或者用于识别图形，例如，指纹的方法或装置）、G06T7/00（图像分析）、G06K9/62（应用电子设备进行识别的方法或装置）技术领域。

2.申请人分析

对全球机器视觉相机TOP10申请人的专利申请相关指标进行统计（包括专利申请时间区间、近3年记录比率等），得表4-2-1。

由表4-2-1可见，美国Aptina Imaging（Aptina Imaging Corp.）以211件专利申请量位列全球机器视觉相机技术申请人首位。对比表4-1-1可知，Aptina Imaging公司在机器视觉硬件领域的专利技术绝大多数布局在机器视觉相机上，占比高达93.36%；排行第二的美光科技（Micron Technology Inc.）与排行第三的浙江大学，在机器视觉硬件领域内，与机器视觉相机相关的专利占比也都超过了90%的比例；由此可直观看出，机器视觉相机是机器视觉硬件领域的重点技术方向。

对表4-2-1进行分析可知，在全球机器视觉相机产业中，主要申请人由美国与中国包揽，但美国申请人均为企业，已步入完全产业化阶段，中国则仍处于基础研究阶段，上榜申请人的主体属性均为科研院所（高校）。结合近3年记录比率分析，美国企业是老牌霸主，如美光科技以强有力的历史积累位居第二，专利申请总量远超中国申请人，但近3年记录比率只有1%；中国申请人后发制人，如浙江大学起步较晚但发展迅速，以102件的专利申请量后来居上，占据第三名，近3年记录比率达25%。近3年，机器视觉相机专利申请量占其全部机器视觉相机专利比例不低于20%的，除浙江大学外，还有排行第七的华南理工大学（21%）和排行第八的中国科学院（25%），发展势头强劲。但我国在机器视觉相机领域的产业化程度还不高。

3.专利申请区域分析

由表4-2-2可得，在专利数量上，中国大陆处于绝对的领先地位，占据机器视觉相机产业技术所有优先权专利的71.09%，这表明中国大陆的企业和科研单位深耕机器视觉相机研发赛道，主要申请人有浙江大学、华南理工大学、中国科学院等单位。美国以1872件专利位居第二，主要申请人有美国Aptina Imaging、美光科技、美光半导体等企业。来自中美两国的机器视觉相机专利占全球总申请量的91.55%。韩国、印度、日本的专利申请全球占比均在1%～2%之间，排名第三至第五位。

表4-2-1　全球机器视觉相机主要申请人专利指标

排名	申请人	专利申请量（件）	专利申请时间区间	近3年记录比率
1	美国Aptina Imaging	211	1998—2014年	0% of 211
2	美国美光科技	187	1998—2020年	1% of 187
3	浙江大学	102	2006—2021年	25% of 102
4	美国美光半导体	98	1998—2018年	0% of 98
5	美国康耐视	92	1994—2021年	4% of 92
6	美国安森美半导体元件	77	2005—2020年	1% of 77
7	华南理工大学	67	2007—2021年	21% of 67
8	中国科学院	64	2004—2021年	25% of 64
9	浙江工业大学	63	2005—2021年	19% of 63
10	中国计量大学	61	2011—2021年	10% of 61

以优先权年为x轴、专利申请量为y轴，绘制机器视觉相机主要技术来源国的专利申请趋势如图4-2-2所示。由图可见，美国20世纪80年代就已在该技术领域先行申请专利，步入技术孕育期，在2009年以前，美国稳坐该领域技术发展头把交椅，实力明显高于其他国家；中国机器视觉相机技术起步相对较晚，第一项专利的优先权年为2002年，随后进入技术萌芽期，直到2007年才迈入初步发展期；2009年，美国的机器视觉相机专利申请量连续第5年负增长，被中国赶超，而中国机器视觉相机专利年申请量此后连年几何式上涨，2020年专利申请量达历史峰值的1061件。从发展趋势看，可以说，中国、美国引领了机器视觉硬件技术的发展，而中国是当今的领跑者。

表4-2-2　全球机器视觉相机专利

国家/地区	硬件专利数（件）	国家/地区	硬件专利数（件）
中国大陆	6503	WO	57
美国	1872	EP	56
韩国	167	英国	45
印度	109	俄罗斯	38
日本	102	中国台湾	29

4.主要技术领域分析

图4-2-3展示了机器视觉相机技术全球专利ThemeScape地图分析结果。可以看出，研究热点主要集中在Display Module（显示模块）、Aerial Vehicle（飞行器）、Fixing Plate（固定板）、Surface Detection Method（表面检测方法）、Scanner（扫描仪）、Camera Coordinate System（相机坐标系统）、Auto Focus System（自动对焦系统）等技术领域。其中，Display Module（显示模块）、Fixing Plate（固定板）、Surface Detection Method（表面检测方法）和Camera Coordinate System（相机坐标系统）是近5年业界尤为关注的内容。

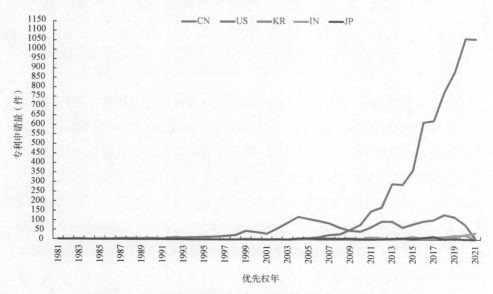

图4-2-2　机器视觉相机技术主要国家专利申请年度分布

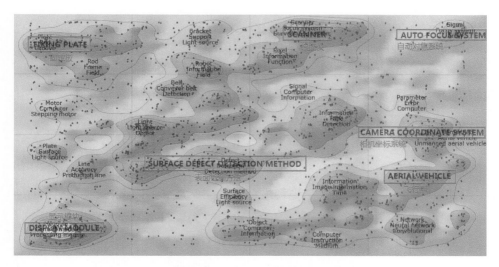

图4-2-3 机器视觉相机技术全球专利ThemeScape地图

图4-2-4展示了中国与美国在机器视觉相机技术全球专利ThemeScape地图中的专利分布情况。其中，中国专利用红点标注，美国专利用绿点标注。由下图易见，中国在绝大多数热点领域均有专利产出，且相对而言更关注Display Module（显示模块）、Fixing Plate（固定板）、Surface Detection Method（表面检测方法）、Scanner（扫描仪）和Camera Coordinate System（相机坐标系统）技术领域。美国的专利分布则较为集中，主要聚焦于Scanner（扫描仪）、Auto Focus System（自动对焦系统）等领域。

图4-2-4 机器视觉相机技术专利ThemeScape地图——中美专利分布图

5.专利技术发展路线

图4-2-5展示了机器视觉相机技术的发展历程，经历了技术萌芽期、技术成长期和技术高速发展期3个阶段。萌芽期（1982—1996年）的专利倾向于基础技术研发，较为关注机器视觉相机识别系统构造等方面的内容。该时期影响最大的是公开号为US5768443A的专利，由康耐视在1995年申请，被引频次262次，提供了一种用于多摄像机机器视觉系统中的方法，其中多个摄像机中的每一个同时获取感兴趣对象的不同部分的图像。该发明能够精确地协调多个摄像机的视场，即使在每个视场内存在图像失真的情况下，也能够在多个视场中执行精确的测量。此外，该阶段马里兰大学与贝尔实验室也研发出了较为优秀的成果。公开号为US5297061A的专利由马里兰大学于1993年申请，被引频次257，涉及一种计算机视觉监控的三维瞄准装置，即用于监视刚性3D物体在空间中的位置和取向的装置。公开号为US4980971A由美国电报公司贝尔实验室于1989年申请，发明了一种使用包括可移动夹持装置和一对照相机，是用于将半导体芯片精确地放置在衬底上的系统。

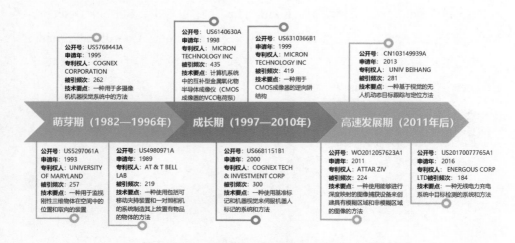

图4-2-5　机器视觉相机专利技术发展路线图

技术成长期（1997—2010年），各申请人开始着眼于机器视觉相机成像系统的优化，如美光科技公开号为US6140630A的专利公开了一种CMOS成像器的VCC泵浦，被引频次435。该CMOS成像器件包括连接到传感器单元的复位栅极、转移栅极和行选择栅极中的一个或多个的电荷泵，并提供栅极控制信号，所述栅极控制信号能够使成像器件增加动态范围电荷容量的同时，实现信号泄漏最小化。电荷泵还可以向电池中使用的光电栅极提供控制信号。美光科技公开号为US6310366B1的专利还发明一种用于CMOS成像器的逆向阱结构，改进了成像器的量子效率和信噪比，被引频次419。康耐视科技投资公司公开号为US6681151B1的专利，公开了一种使用基准标记和机器视觉来伺服机器人标记的系统和方法，其发明了一种具有适于配准图案的机器视觉搜索工具的机器视觉系统，即经过训练的基准标记、其被至少两个平移度和至少一个非平移自由度变换的机器视觉系统，被引频次300次。

高速发展期（2011年至今）的机器视觉相机技术开始关注定位跟踪、目标检测等领域。如北京航空航天大学公开号为CN103149939A的发明公开了一种基于机器视觉的无人机动态目标跟踪与定位方法，属于无人机导航领域。Attar Ziv公开号为WO2012057623A的发明专利提供一种能够使用深度映射的图像捕获设备来创建具有模糊区域和非模糊区域的图像的方法。美国Energous公司公开号为US20170077765A1的专利公开了一种无线充电系统，包含用于确定图像数据中目标的距离的决策管理处理器，以及用于根据目标的距离传输电力传输信号的天线。充电发射装置中的机器视觉软件与相机一起运行，使该无线充电系统能够实时校准传输天线瞄准程度，提高接收机继续接收功率。

三、机器视觉光源专利分析

1.专利趋势分析

对全球机器视觉光源专利以申请年为x轴、申请量为y轴主坐标轴、申请量年增长率为y轴次坐标轴，作全球机器视觉光源专利全球年申请量折线图及年增长率柱状图如图4-3-1所示。

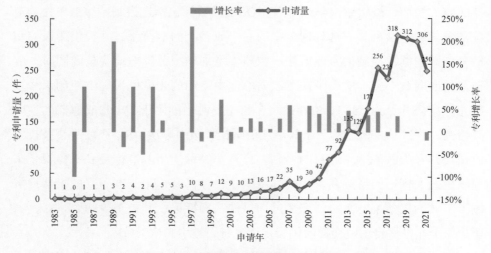

图4-3-1　全球机器视觉光源专利申请趋势

图4-3-1显示了全球机器视觉光源专利申请趋势，可知全球机器视觉光源专利技术发展大致可分为3个阶段。

第一阶段（1983—1996年），技术萌芽期。该阶段专利申请量非常低，每年专利申请量不超过5件。专利申请主要来自美国。英国和加拿大也有零星成果。申请主力是美国东北机器人公司、康耐视、美国军方和White Timothy P.。专利技术主要集中在G01N21/88（测试瑕疵、缺陷或污点的存在）、H04N5/225（电视摄像机）、G06T7/00（图像分析）和F21V8/00（光导的使用，如照明装置或系统中的光导纤维装置）技术领域。

第二阶段（1997—2010年），技术成长期。该阶段专利申请数量有所上升，但年申请量仍不足50件。专利申请主要来自美国和中国，日本也有一些研发成果。申请主力是日本三丰（Mitutoyo Corp.）、美国PPT Vision（PPT Vision Inc.）和美国康耐视。专利技术主要集中在G01N21/88（测试瑕疵、缺陷或污点的存在）、G01B11/00（以采用光学方法为特征的计量设备）和G01B11/24（以采用光学方法为特征的用于计量轮廓或曲率的计量设备）等技术领域。

第三阶段（2011年至今），技术高速发展期。该阶段专利申请量迅速增长，2018年达到年专利申请量峰值318件。专利申请主要来自于中国、美国、韩国和欧洲，其中中国专利申请增长势头最为迅猛，申请主力是广东工业大学、中国计量大学和江南大学。专利技术主要集中在G01N21/88（测试瑕疵、缺陷或污点的存在）、G01N21/01（便于进行光学测试的装置或仪器）和G06T7/00（图像分析）技术领域。

2.申请人分析

对全球机器视觉光源TOP10申请人的专利申请相关指标进行统计（包括专利申请时间区间、近3年记录比率等），如表4-3-1所示。

表4-3-1　全球机器视觉光源主要申请人专利指标

排名	申请人	专利申请量（件）	专利申请时间区间	近3年记录比率
1	广东工业大学	38	2007—2020年	3% of 38
2	中国计量大学	34	2011—2021年	3% of 34
3	浙江大学	29	2007—2021年	17% of 29
4	江南大学	28	2009—2020年	7% of 28
5	日本三丰	26	2001—2021年	15% of 26
6	杭州海康威视	22	2012—2021年	14% of 22
7	中国科学院	21	2000—2021年	10% of 21
8	广东奥普特（OPT）	20	2017—2021年	55% of 20
9	河南中烟工业	18	2010—2021年	11% of 18
10	江苏大学	18	2009—2020年	6% of 18

由表4-3-1易见，全球机器视觉光源专利技术的主要申请人除排行第五的日本三丰外，其余均为中国申请人，广东工业大学、中国计量大学和浙江大学分别以38件、34件和29件的专利申请量位列前三，中国已成为该领域的全球领跑者。在9个中国申请人中，从主体属性出发，6个为高等院校或科研机构，4个为企业，企业迈入该领域申请专利的时间普遍晚于高等院校或科研机构，申请量也较为逊色，中方在该领域虽有一定产业化成效，但产学转化程度仍需加强；从申请人地域分布来看，中国计量大学（排行第二）、浙江大学（排行第三）、杭州海康威视（排行第六）均位于浙江杭州，广东工业大

学（排行第一）、广东奥普特（排行第八）均位于广东，江南大学（排行第四）、江苏大学（排行第十）均位于江苏，江浙地区和广东在机器视觉光源技术领域实力强劲。此外，广东奥普特（OPT）虽然仅排行第八，但其2017年才开始机器视觉光源相关专利的申请，近3年记录比例更是达到了55%的高位，发展势头迅猛，极有活力。

3.专利申请区域分析

由表4-3-2可得，在专利数量上，中国大陆占据机器视觉光源产业技术所有优先权专利的82.68%，主要申请人有广东工业大学、中国计量大学、浙江大学、江南大学等。美国以320件专利排行第二，占全球的12.45%。韩国、欧洲、英国的专利申请全球占比均不足1%，排行第三至第五位。

表4-3-2　全球机器视觉光源专利

国家/地区	硬件专利数（件）	国家（地区）	硬件专利数（件）
中国大陆	2125	日本	11
美国	320	加拿大	9
韩国	25	WO	8
EP	19	中国台湾	8
英国	16	印度	7

以优先权年为x轴、专利申请量为y轴，绘制机器视觉光源主要技术来源国的专利申请趋势如图4-3-2所示。由图可见，美国、英国20世纪80年代就已在该技术领域先行申请专利，进入技术萌芽期，在2009年以前，美国稳坐该领域技术发展头把交椅，实力明显高于其他国家；中国机器视觉光源技术起步相对较晚，第一项专利的优先权年为2000年，直到2006年才迈入初步发展期，开始对美国进行追赶，2007年首次与美国专利申请实力不相上下，并在2009年赶超美国。自此，中国机器视觉光源专利年申请量直线上涨，在其他国家增速放缓甚至逆增长的情况下强势上扬，成长为全球机器视觉光源技术的领头羊，并在2018年达到293件的峰值。

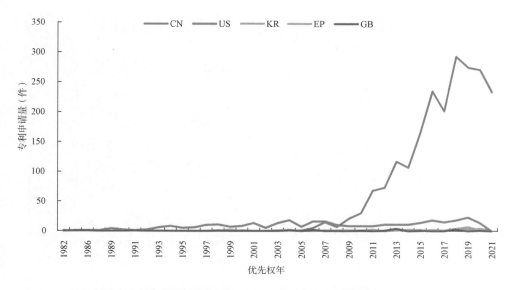

图4-3-2　机器视觉光源技术主要国家专利申请年度分布

4.主要技术领域分析

图4-3-3展示了机器视觉光源技术全球专利ThemeScape地图分析结果。可以看出，研究热点主要集中在Sample Image（样本图像）、Light Source Control Module（光源控制模块）、Surface Defect Defection Method（表面缺陷检测方法）、Indicative（指示）、Light Guide Plate（导光板）、Flashlight（闪光灯）等技术领域。其中，Light Source Control Module（光源控制模块）、Surface Defect Defection Method（表面缺陷检测方法）、Sample Image（样本图像）和Indicative（指示）是业界近5年尤为关注的内容。

图4-3-4展示了中国与美国在机器视觉光源技术全球专利ThemeScape地图中的专利分布情况。其中，中国专利用红点标注，美国专利用绿点标注。由图4-3-4易见，中国在所有领域几乎都有专利产出，相对而言更关注Light Source Control Module（光源控制模块）、Surface Defect Defection Method（表面缺陷检测方法）、Sample Image（样本图像）、Robot System（机器人系统）等技术领域。美国的专利分布则较为集中，主要聚焦于Flashlight（闪光灯）、Indicative（指示）等领域。

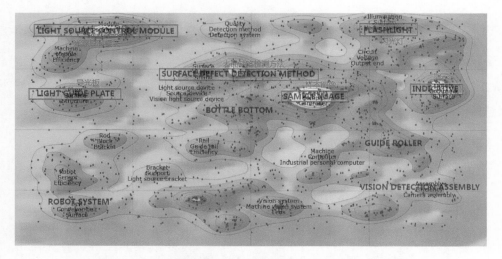

图4-3-3　机器视觉光源技术全球专利ThemeScape地图

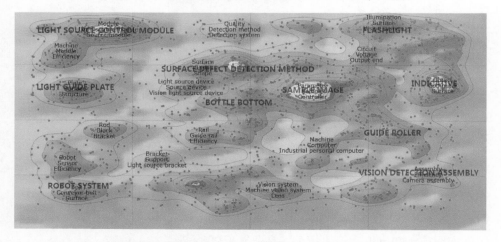

图4-3-4　机器视觉光源技术专利ThemeScape地图——中美专利分布图

5.专利技术发展路线

图4-3-5展示了机器视觉光源技术的发展历程，经历了技术萌芽期、技术成长期和技术高速发展期3个阶段。萌芽期（1983—1996年）的专利倾向于基础技术研发，较为关注光源在实现机器视觉过程中的功能效果。该时期影响最大的是公开号为US5297061A的专利，由马里兰大学在1993年申请，被引频次257次，公开了一种由计算机视觉任务监视的带有光源的指向装置，其计算机视觉任务在微控制器和计算机中运行，计算指向装置的空间位置和方位，并

使操作者能够控制计算机显示器上的虚拟三维对象。图像由摄像机捕获并数字化，并且仅处理来自光源的亮像素的图像行。公开号为US5621529A的专利由智慧自动化系统公司于1995年申请，被引频次176次，发明了一种用于减小激光图案投影的散斑噪声的装置和方法，该装置将一种照明设备与视觉感官设备组合使用，与视觉感觉装置一起使用的照明装置具备约束光源光投影的图案器和相对应的可扩展光图案接口，能够将符合设定的光图案准确投射到感官设备要观察的表面上。公开号US4891630A的专利由Friedman Mark B等人在1988年申请，被引频次174次，发明了一种计算机视觉系统目标定位技术，利用共面和非共线的反射位置定位在方向—位置块上，用计算机绘制位置图。

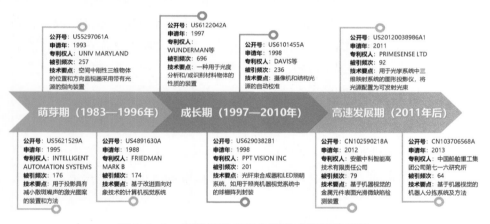

图4-3-5　机器视觉光源专利技术发展路线图

技术成长期（1997—2010年），各申请人开始研发光源在机器视觉中的模块化运用等。例如，WUNDERMAN等人公开号为US6122042A的专利，提供了一种用于光度分析和/或识别材料物体的性质的装置，包括具有基本上不同波长包络并以不同组合的快速序列激活的光源的集合，被引频次696次；DAVIS等人公开号为US6101455A的专利公开了一种用于机器人和机器视觉的摄像机标定，当机器人通过一系列偏移量运动时，利用基准观测确定摄像机和机器人坐标系之间的相对位置关系，利用机器人在目标与摄像机和光源之间产生已知的相对运动来计算数据信息，校准包含机器人、摄像机和结构化光源在内的整个的工作单元，被引频次236次；PPT Vision公司公开号为US6290382B1的专利发明了一种光纤束合束器和LED照明系统及方法，例如用于照亮机器视觉系统中的球栅阵列封装（包括若干管单元，将来自发光二极管的光聚焦到一根或多根光纤中），被引频次201次。

高速发展期（2011年至今）的机器视觉光源技术开始拓展至更多领域。例如，Primesense公司公开号为US20120038986A1的发明公开了一种用于光学系统中三维映射系统的图形投影仪，可将光源配置成发射光束，具有衍射结构，能够引导部分光束沿基片方向传播，产生多个明暗交错的图形；安徽中科智能高技术有限责任公司公开号为CN102590218A的专利发明了一种基于机器视觉的金属零件光洁表面微缺陷检测装置及方法，配备步进电机的光源钳位，并将同轴光预调节元件固定在特定位置，可实现同轴照明调节；中国船舶重工集团公司第七一六研究所公开号为CN103706568A的专利公开了一种基于机器视觉的机器人分拣系统及方法，该系统包括CCD数字相机、镜头、光源、六轴关节机器人本体、电气控制柜和真空吸盘，在分拣作业中提高了工作效率、减少了操作工人，降低了生产成本。

四、机器视觉传感器专利分析

1.专利趋势分析

对全球机器视觉传感器专利以申请年为x轴、申请量为y轴主坐标轴、申请量年增长率为y轴次坐标轴，作全球机器视觉传感器专利全球年申请量折线图及年增长率柱状图如下。

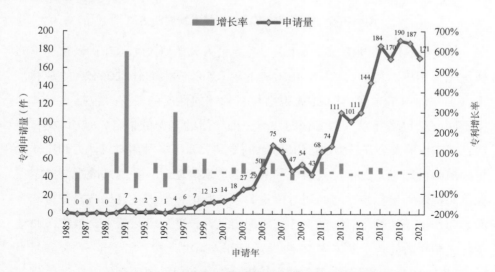

图4-4-1 全球机器视觉传感器专利申请趋势

图4-4-1显示了全球机器视觉传感器专利申请趋势，可知全球机器视觉传感器专利技术发展大致可分为3个阶段。

第一阶段（1985—1998年），技术萌芽期。该时期对机器视觉传感器的研发刚起步，每年专利申请量不足10件，专利申请主要来自美国，日本也有零星成果；申请主力是美光科技、麻省理工学院和佐治亚理工学院；专利技术主要集中在G06T7/00（图像分析）、H04N5/335（利用固态图像传感器）和G06T1/00（通用图像数据处理）技术领域。

第二阶段（1999—2010年），技术成长期。该阶段专利申请数量开始明显上升并在后期伴随较大波动，除美国有大量专利成果产出之外，韩国、日本和中国也积极开展机器视觉传感器技术方面的研究，其中中国的专利申请增长尤为亮眼。申请主力是美国美光科技、中国浙江大学、江苏大学和美国康耐视。这一时期的技术热点集中在H01L27/146（图像结构）、H04N5/335（利用固态图像传感器）和H04N5/374（已编址传感器，如MOS或CMOS传感器）技术领域。

第三阶段（2011年至今），技术高速发展期。该阶段专利申请数量飞速增长，2019年达到峰值190件。专利申请主要来自中国、美国、印度，申请主力是WANGJIAN、中国计量大学、美国美光科技，与前几个小节不同，出现了自然人专利权人排行靠前的情况。这个时期的研究主要侧重于G06K9/00（用于阅读或识别印刷或书写字符或者用于识别图形，例如，指纹的方法或装置）、G01N21/88（测试瑕疵、缺陷或污点的存在）、G06T7/00（图像分析）技术领域。

2.申请人分析

对全球机器视觉传感器TOP10申请人的专利申请相关指标进行统计（包括专利申请时间区间、近3年记录比率等），得表4-4-1。

由表4-4-1可见，美国Aptina Imaging（Aptina Imaging Corp.）在机器视觉传感器领域继续霸榜，以132件专利稳居全球首位。美国美光科技、美光半导体排行第二、第三，上表中五成申请人是美国企业。就个体实力而言，美国在机器视觉传感器领域仍占据较大优势。其中，美国康耐视虽然在机器视觉传感器领域的专利申请总量与前三名拉开了极大差距，但其开展机器视觉传感器的专利申请时间最早，近年也保持着专利申请活力，近3年记录比率高达24%，是该领域的常青树公司。

表4-4-1　全球机器视觉传感器主要申请人专利指标

排名	申请人	专利申请量（件）	专利申请时间区间	近3年记录比率
1	美国Aptina Imaging	132	1998—2013年	0% of 132
2	美国美光科技	114	1998—2021年	3% of 114
3	美国美光半导体	52	1998—2017年	0% of 52
4	韩国三星	22	2002—2019年	0% of 22
5	WANG JIAN	22	2013—2014年	0% of 22
6	中国计量大学	20	2011—2021年	5% of 20
7	江苏大学	18	2006—2021年	17% of 18
8	美国康耐视	17	1991—2021年	24% of 17
9	美国ROUND ROCK RESEARCH	17	1998—2012年	0% of 17
10	德国巴斯夫	15	2014—2021年	7% of 15

表4-4-1中，中国有WANG JIAN、中国计量大学和江苏大学上榜。中国申请人虽占到了30%的比例，但专利申请实力和排名靠前的申请人还存在一定差距。其中，发明人WANG JIAN在2013—2014年申请了22件机器视觉传感器专利，跻身全球机器视觉传感器领域申请人前十，与韩国三星一起并列第四。但WANG JIAN在2014年后没有继续申请相关专利，昙花一现。值得一提的是，中方没有企业上榜，这说明该领域内中方仍以基础研究为主，产业转化程度较低。

3.专利申请区域分析

由表4-4-2可得，在专利数量上，中国大陆占据机器视觉传感器产业技术所有优先权专利的57.15%，主要申请人有WANG JIAN、中国计量大学、江苏大学等。美国以665件专利排行第二，占全球的33.37%。印度、韩国、欧洲的专利申请全球占比均在1.3%左右，排行第三至五位。

以优先权年为x轴、专利申请量为y轴，绘制机器视觉传感器主要技术来源国的专利申请趋势如图4-4-2所示。由图可见，美国20世纪80年代就已在该技术领域先行申请专利，进入技术萌芽期，在2009年以前，美国一直占据专利研发优势地位；我国机器视觉传感器技术起步相对较晚，第一项专利的优先权年为2000年。由于美国在机器视觉传感器领域的年专利申请量自2006年开始直线下降，我国在2009年追上并反超美国的专利申请量，并保持了昂扬的上涨势头，此后进入我国机器视觉传感器的快速发展期，年申请量迅速上涨，并在2017年达到了134件的峰值。

表4-4-2　全球机器视觉光源专利

国家/地区	硬件专利数（件）	国家/地区	硬件专利数（件）
中国大陆	1139	俄罗斯	17
美国	665	英国	16
印度	29	日本	15
韩国	28	巴西	9
EP	25	WO	8

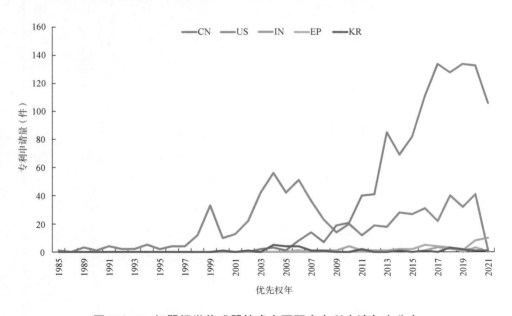

图4-4-2　机器视觉传感器技术主要国家专利申请年度分布

4.主要技术领域分析

图4-4-3展示了机器视觉传感器技术全球专利ThemeScape地图分析结果。可以看出，研究热点主要集中在Substrate（基板）、Internal Parameter（内部参数）、Surface Defect（表面缺陷）、Gathering Module（采集模块）、Radar Sensor（雷达传感器）、Dimensional Representation（维度表征）等技术领域。其中，Surface Defect（表面缺陷）、Internal Parameter（内部参数）、Gathering Module（采集模块）、Radar Sensor（雷达传感器）是近5年业界尤为关注的内容。

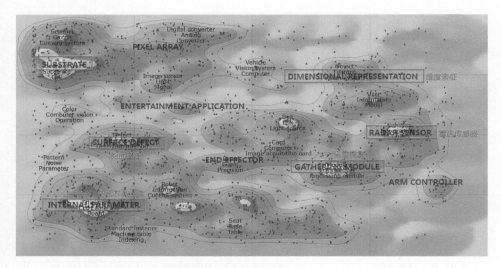

图4-4-3 机器视觉传感器技术全球专利ThemeScape地图

图4-4-4展示了中国与美国在机器视觉传感器技术全球专利ThemeScape地图中的专利分布情况。其中，中国专利用红点标注，美国专利用绿点标注。由图4-4-4易见，中国在绝大多数热点领域均有专利产出，且相对而言更关注Surface Defect（表面缺陷）、Internal Parameter（内部参数）、GatheringModule（采集模块）、Arm Controller（ARM控制器）技术领域。美国的专利分布则较为集中于Substrate（基板）、Pixel Array（像素阵列）、Dimensional Representation（维度表征）等领域。Radar Sensor（雷达传感器）是中美双方共同关注的领域。

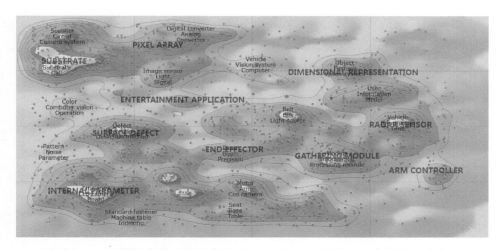

图4-4-4　机器视觉传感器技术专利ThemeScape地图——中美专利分布图

5.专利技术发展路线

图4-4-5展示了机器视觉传感器技术的发展历程，经历了技术萌芽期、技术成长期和技术高速发展期3个阶段。

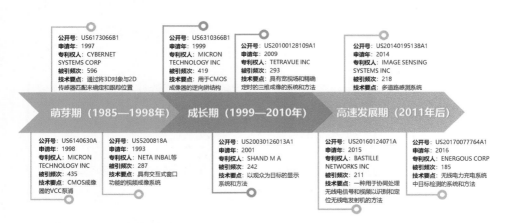

图4-4-5　机器视觉传感器专利技术发展路线图

萌芽期（1985—1998年）的专利倾向于利用传感器辅助机器视觉功能的实现。该时期影响最大的是Cybernet Systems公司公开号为US6173066B1的专利，发明了一种通过将3D对象与2D传感器匹配，改进而来的姿态确定和跟踪方法，被引频次达596次。美光科技公开号为US6140630A的专利公开了一种

CMOS成像器的VCC泵浦，该CMOS成像器件包括连接到传感器单元的复位栅极、转移栅极和行选择栅极中的一个或多个的电荷泵，并提供栅极控制信号，被引频次达435次。NETA INBAL等人公开号为US5200818A的专利发明了一种具有交互式窗口功能的视频成像系统，该系统拥有大孔径角的多传感器光学模块和两个用于输出视频或数字图像场景的电子接口。

技术成长期（1999—2010年），各申请人开始研发传感器对机器视觉相关功能的提升运用，如美光科技公开号为US6310366B1的专利发明一种用于CMOS成像器的逆向阱结构，被引频次419次。单个逆向阱可以拥有单个像素传感器单元或多个像素传感器单元，甚至可以在其中形成整个像素传感器单元阵列。该结构改进了成像器的量子效率和信噪比。Tetravue公司公开号为US20100128109A1的专利公开了一种包括照明子系统、传感器子系统和处理器子系统的三维成像系统，被引频次293次。Shand M A发明的公开号为US20030126013A1的专利提供了一种用于将信息定向到靠近信息显示器的多个观众的信息显示系统，被引频次242次。该系统包括至少一个用于确定观众的一个或多个身体特征的视觉传感器，或用于确定观众的一个或多个可听特征的音频传感器。

高速发展期（2011年至今）的机器视觉传感器技术开始拓展至更多领域。例如，美国ISNS公司公开号为US20140195138A1的专利提供了一种多个道路感测系统，带有结合传感器数据流的控制器，可在具有多个传感器的道路上检测和/或跟踪对象；美国Bastille Networks公司公开号为US20160124071A的专利公开了一种用于协同处理无线电信号和视频以识别和定位无线电发射机的方法；美国Energous公司公开号为US20170077764A1的专利公开了一种无线充电系统，产生、发射电波并在场中预定位置产生能量袋，相关联的接收器可从这些能量袋中提取能量并转化为电能，视频传感器捕获传输场内视场的实际视频图像，并由处理器识别所捕获的视频图像内的所选对象、所选事件和/或所选位置。

第五章

机器视觉技术
应用专利分析

本章内，笔者将在对机器视觉应用所有相关专利总体分析之后，选取较有代表性的3个细分领域展开分析。

一、机器视觉应用整体专利分析

1.专利趋势分析

机器视觉应用领域从1982年至今呈现逐年上升的趋势，但发展起步晚，20世纪的专利申请量较少，发展主要集中于21世纪，尤其是近5年（2017—2021年），专利申请量激增，专利增长率维持在20%左右，可见该领域发展前景良好。见图5-1-1。

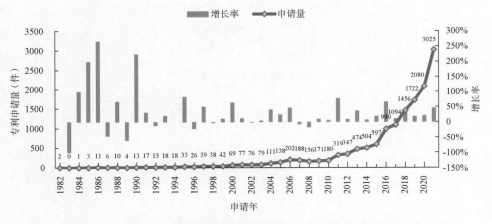

图5-1-1　机器视觉应用整体专利申请趋势

第一阶段（1982—2003年），年度专利申请数量不足100件，处于萌芽期，研究机构处于探索阶段，年均专利申请量不稳定，专利增长率变化幅度大，部分年份出现专利增长率负增长，如1989年的专利增长率为-60%，技术领域主要集中于G06T7/00（图像分析）、G06T1/00（通用图像数据处理）与G01N21/88（测试瑕疵、缺陷或污点的存在）技术领域等方面。

第二阶段（2004—2014年），专利申请量稳步增加，大部分年份为正增长，仅有两个年份的专利增长率小于0，进入缓慢发展期。2004年的申请量首次超过100件，为111件，2014年申请量达到504件，年均增长量近40件。技术领域集中在G06K9/00（用于阅读或识别印刷或书写字符或者用于识别图形，例如，指纹的方法或装置）、G06T7/00（图像分析）和G06T1/00（通用图像数据处理）等方面，与前一阶段的变化不大。

第三阶段（2015年至今），进入快速发展期，年均专利申请量超过500件，2021年达到峰值，共有3025件专利产出。技术领域变化不大，G06K9/62（应用电子设备进行识别的方法或装置）成为最受关注的领域，专利申请量占比分别为15%。

2.申请人分析

对全球机器视觉应用领域TOP10申请人的相关指标进行统计（包括专利申请时间区间、近3年记录比率等），如表5-1-1所示。

表5-1-1　机器视觉应用主要申请人专利指标

排序	申请人	专利申请量（件）	专利申请时间区间	近3年记录比率
1	美国美光科技	288	1998—2021年	4% of 288
2	北京百度网讯科技	207	2018—2021年	100% of 207
3	美国康耐视	173	1994—2021年	7% of 173
4	美国Aptina Imaging	161	2002—2014年	0% of 161
5	浙江大学	125	2004—2021年	45% of 125
6	华南理工大学	104	2007—2021年	40% of 104
7	浙江工业大学	91	2005—2021年	31% of 91
8	中国国家电网	87	2013—2021年	60% of 87
9	广东工业大学	79	2007—2021年	32% of 79
10	美国微软	78	1998—2021年	9% of 78

由表5-1-1可知，全球机器视觉应用领域排行前十的申请人由中国和美国包揽，有6个申请人来自中国，4个申请人来自美国，中国申请人的整体实力强于美国，但是排名前五的申请人中，60%为美国企业，美国头部申请人的实力更雄厚，科研水平更高，中国申请人的优势不够突出。美国美光科技（Micron Technology Inc.）申请的专利总量最多，达到288件；其次为

北京百度网讯科技有限公司，专利申请量为207件；位列第三的为美国康耐视集团（Cognex Corp.），共有173件。美国企业的研发投入较早，20世纪都已经投入研发，美国康耐视集团（Cognex Corp.）于1994年申请了相关专利，美国美光科技（Micron Technology Inc.）、微软公司（Microsoft Corp.）均在1998年申请相关专利；但是近3年的申请专利比率占比不高，微软公司（Microsoft Corp.）、美国美光科技（Micron Technology Inc.）和美国康耐视集团（Cognex Corp.）近3年的申请专利占比都不足10%，可见美国近几年研究投入力度不足。

中国申请人在机器视觉应用领域的起步相对较晚，几乎晚于美国企业10年左右，最早投入机器视觉应用领域研发的TOP机构是浙江大学，于2004年申请了相关专利；北京百度网讯科技有限公司起步较晚，2018年才申请了相关专利。中国申请量最多TOP机构的为百度科技有限公司，专利申请量达到207件；其次为浙江大学，专利申请量为125件；位列第三的为华南理工大学，专利申请量为104件。值得注意的是，中国机构近3年的专利申请量比例都较高，特别是北京百度网讯科技，比率达到100%，即所有专利都是近3年申请的，科研表现不俗，创新力较强；其他机构的比例均超过30%，研究能力稳定。但是，中国专利申请量较多的机构中仅有2家为企业，其他都是高校研究单位，可见中国在该领域的产业化程度不高。

3.专利申请区域分析

对机器视觉应用的专利优先权国家进行分析，专利申请量的国别分布如表5-1-2所示。

由表5-1-2可得，中国专利申请量远超其他国家，中国大陆的专利申请量超过1万多件，占比达到72%，中国台湾地区也有71件专利产出，中国大陆地区和中国台湾地区均进入全球专利申请量TOP10的国家/地区排名，可见中国科研单位非常重视机器视觉应用的研发。主要申请人有北京百度网讯科技、中国科学院、浙江大学等单位。美国的专利申请量为3110件，位列全球第二，占比达到21%，主要企业有美国Aptina Imaging、美光科技、康耐视等。韩国、印度、日本等国家的专利申请量为100～250件，排名第三、第四、第六位。

表5-1-2　全球机器视觉光源专利

国家/地区	硬件专利数（件）	国家/地区	硬件专利数（件）
中国大陆	10092	日本	115
美国	3110	EP	103
韩国	222	英国	78
印度	160	中国台湾	70
WO	115	俄罗斯	49

以优先权年为x轴、专利申请量为y轴，绘制机器视觉应用主要技术来源国的专利申请趋势，见图5-1-2。中国机器视觉应用领域的发展起步晚于其他国家，但是发展势头最强，进入21世纪后，科研水平提升速度加快，专利产出水平持续提高，特别是2010年之后，专利申请量激增，与其他国家的差距拉大，实力逐年增强。美国发展起步最早，研究实力稳定，1998年至今一直处于稳步增长阶段，年均专利申请量处于200件上下，2019年专利申请量最多，达到250件。韩国和印度的专利申请量趋势相似，20世纪以前处于萌芽期，专利申请数量不足50件，到21世纪以后，专利申请量增长速度加快。

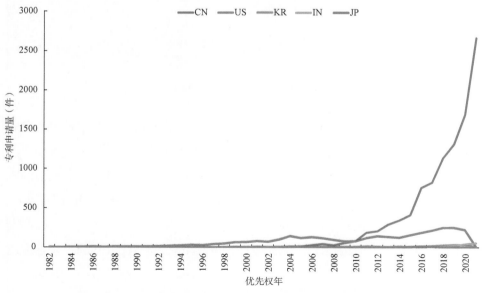

图5-1-2　机器视觉应用整体技术主要国家专利申请年度分布

4.主要技术领域分析

从图5-1-3可以看出，机器视觉应用领域研究热点主要集中在Convolutional Neural Network Module（卷积神经网络模块）、Surface Defect Detection Method（表面缺陷检测方法）、Entertainment Application（娱乐应用程序）、Visual Detection Mechanism（视觉检测机构）、Wheel Alignment System（车轮定位系统）、Display Module（显示模块）、Fourth Lens（第四透镜）、Focus System（聚焦系统）、Screw Rod（螺旋杆）、Client Device（客户端设备）和Fusion Feature（融合功能）等方面。其中，Visual Detection Mechanism（视觉检测机构）、Convolutional Neural Network Module（卷积神经网络模块）和Isplay Module（显示模块）等内容为近5年重点研究内容。

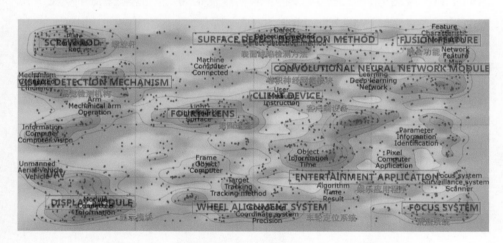

图5-1-3　机器视觉应用全球专利ThemeScape地图

图5-1-4为机器视觉应用领域中国和美国专利分布情况，其中，中国专利用红点标注，美国专利用绿点标注。中国的研究范围更加广泛，几乎各热点领域都有专利产出，相较于美国更关注Visual Detection Mechanism（视觉检测机构）、Display Module（显示模块）、Surface Defect Detection Method（表面缺陷检测方法）、Wheel Alignment System（车轮定位系统）等领域。美国的专利主要集中在Fourth Lens（第四透镜）、Entertainment Application（娱乐应用程序）、Focus System（聚焦系统）、Client Device（客户端设备）等方面。

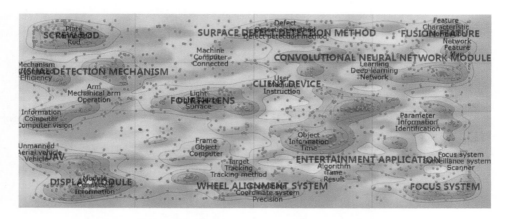

图5-1-4　机器视觉应用专利ThemeScape地图——中美专利分布图

5.专利技术发展路线

图5-1-5展示了机器视觉应用技术的发展历程，应用技术从理论方法研究发展到实际应用，主要分为萌芽期、缓慢发展期和快速发展期3个阶段。

萌芽期（1982—2003年）最受关注的专利由哥伦比亚大学（Univ British Columbia）于2000年申请，公开号为US6711293B1，被引频次为850次，该专利涉及一种识别图像中的尺度不变特征的方法和设备，首先使用处理器处理多个差分图像中各像素子区域，然后定位像素振幅极值，定义像素区域，对区域产生的分量子区域进行描述，最后将分量子区域与目标图像的分量子区域关联。此外，公开号为US6122042A的专利同样备受关注，由WUNDERMAN、IRWIN等人于1997年申请，被引频次达到696次，该专利提供了一种用于光度分析和/或识别材料物体的性质的装置，包括具有基本上不同波长包络并以不同组合的快速序列激活的光源的集合。由Cybernet Systems Corp公司于1997年申请的公开号为US6173066B1的专利，被引频次达到596次，该专利涉及一种改进的姿态确定和跟踪方法，将3D对象与2D传感器匹配来确定和跟踪位置，可以应用于基于一个或一组对象的形状数据结构匹配和对象获取跟踪。

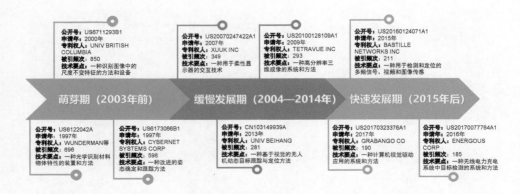

公开号：US6711293B1
申请年：2000年
专利权人：UNIV BRITISH COLUMBIA
被引频次：850
技术要点：一种识别图像中的尺度不变特征的方法和设备

公开号：US20070247422A1
申请年：2007年
专利权人：XUUK INC
被引频次：349
技术要点：一种用于柔性显示器的交互技术

公开号：US20100128109A1
申请年：2009年
专利权人：TETRAVUE INC
被引频次：293
技术要点：一种高分辨率三维成像的系统和方法

公开号：US20160124071A1
申请年：2015年
专利权人：BASTILLE NETWORKS INC
被引频次：211
技术要点：用于检测和定位的多频信号、视频和图像传感

萌芽期（2003年前）　　　缓慢发展期（2004—2014年）　　　快速发展期（2015年后）

公开号：US6122042A
申请年：1997年
专利权人：WUNDERMAN等
被引频次：596
技术要点：一种光学识别材料物体特性的装置和方法

公开号：US6173066B1
申请年：1997年
专利权人：CYBERNET SYSTEMS CORP
被引频次：596
技术要点：一种改进的姿态确定和跟踪方法

公开号：CN103149939A
申请年：2013年
专利权人：UNIV BEIHANG
被引频次：281
技术要点：一种基于视觉的无人机动态目标跟踪与定位方法

公开号：US20170323376A1
申请年：2017年
专利权人：GRABANGO CO
被引频次：190
技术要点：一种计算机视觉驱动应用的系统和方法

公开号：US20170077764A1
申请年：2016年
专利权人：ENERGOUS CORP
被引频次：185
技术要点：一种无线电力充电系统中目标检测的系统和方法

图5-1-5　机器视觉应用专利技术发展路线图

　　缓慢发展期（2004—2014年）的技术重点依然集中在优化算法技术，完善跟踪定位方法等方面，如公开号为US20070247422A1的专利，由加拿大XUUK公司（XUUK Inc.）于2007年申请，为缓慢发展期中被引频次最高的专利，达到349次，该专利涉及一种用于柔性显示器的交互技术，将机器视觉技术用于捕获柔性显示表面的位置、取向和形状。此外，公开号为US20100128109A1的专利同样受到关注，由Tetravue公司（Tetravue Inc.）于2009年提出，被引频次为293次，涉及了一种三维成像的系统和方法。公开号为CN103149939A的专利是缓慢发展期中唯一一件备受关注的中国专利，由北航大学于2013年申请，被引频次达到281次，该专利提到了一种基于视觉的无人机动态目标跟踪与定位方法，所述方法包括视频处理、动态目标的检测和图像跟踪。

　　快速发展阶段（2015年至今）机器视觉应用研究仍然集中在目标检测、对象定位等方面，但是应用范围拓展至充电系统、自动结账、库存管理等方面，如Grabango公司（Grabango Co.）申请的公开号为US20170323376A1的专利，被引频次为190次，该发明公开了一种用于环境的计算机视觉驱动应用系统和方法，能够对目标进行分类、跟踪位置、检测交互事件，将关联对象实例化，该系统能够应用于自动结账、库存管理等相关系统中。由Bastille公司（Bastille Networks Inc.）申请的公开号为US20160124071A1的专利，是快速发展期中被引频次最高的专利，被引频次达到211次，该专利涉及一种用于检测和定位的多频信号、视频和图像传感的方法，支持协同处理无线电信号和视频。公开号为US20170077764A1的专利则将机器视觉应用在无线电力充电系统中，由Energous（Energous Corp.）公司于2016年申请，被引频次达到185次。

二、机器视觉图像／目标检测专利分析

1.专利趋势分析

对全球机器视觉图像/目标检测专利以申请年为x轴、申请量为y轴主坐标轴、申请量年增长率为y轴次坐标轴，作机器视觉图像/目标专利全球年申请量折线图及年增长率柱状图如下。

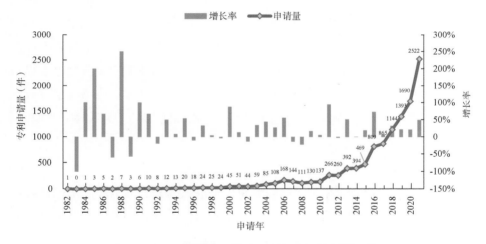

图5-2-1　机器视觉图像/目标检测专利申请趋势

图5-2-1分析了机器视觉图像/目标检测专利的申请趋势，可知该领域的技术发展大致可分为3个阶段。

第一阶段（1982—2004年），技术萌芽期。专利申请量年均不超过100件，多个年份的专利增长率为负数。专利主要产自美国，其次为日本和德国，其他国家的专利申请数量均不足10件。主力企业为美国康耐视、美国美光科技等公司。专利技术领域分布于G06T7/00（图像分析）、G06K9/00（用于阅读或识别印刷或书写字符或者用于识别图形，例如，指纹的方法或装置）和H01L27/146（图像结构）等方面。

第二阶段（2005—2013年），缓慢发展期。该阶段专利申请数量有所上

升，但年均申请量仍不足500件，2007年和2008年的专利增长率小于0，专利申请量出现负增长，其余年份的专利增长率均为正数。专利主要来自美国和中国，两国的专利申请量之和占比接近90%，其余国家的专利申请量均不足100件。主要申请人为美国美光公司、浙江工业大学、美国康耐视和浙江大学等中美机构。专利技术主要集中于G06K9/00（用于阅读或识别印刷或书写字符或者用于识别图形，例如，指纹的方法或装置）、G06T7/00（图像分析）和G06K9/62（应用电子设备进行识别的方法或装置）等领域。

第三阶段（2014年至今），快速发展期。专利申请数量增长速度加快，各年份的专利增长率都大于0，年均超过500件。专利主要来自中国，中国的专利申请量占比超过80%，其次为美国，美国的专利申请量占比为12%，其他各国的专利申请量占比均不足10%。主要申请人有北京百度网讯科技、华南理工大学和浙江大学等。专利技术领域主要集中在G06K9/62（应用电子设备进行识别的方法或装置）、G06K9/00（用于阅读或识别印刷或书写字符或者用于识别图形，例如，指纹的方法或装置）、G06N3/04（体系结构，例如，互连拓扑）等方面。

2.申请人分析

对全球机器视觉图像/目标检测TOP10申请人的专利申请相关指标进行统计（包括专利申请时间区间、近3年记录比率等），得表如下。

表5-2-1　全球机器视觉相机主要申请人专利指标

排序	申请人	专利申请量（件）	专利申请时间区间	近3年记录比率
1	美国美光科技	274	1998—2021年	2% of 274
2	北京百度网讯科技	164	2018—2021年	99% of 164
3	美国Aptina Imaging	160	2002—2014年	0% of 160
4	美国康耐视	125	1994—2021年	4% of 125
5	浙江大学	107	2004—2021年	49% of 107
6	浙江工业大学	86	2005—2021年	29% of 86
7	华南理工大学	85	2007—2021年	44% of 85

排序	申请人	专利申请量（件）	专利申请时间区间	近3年记录比率
8	广东工业大学	72	2007—2021年	33% of 72
9	中国国家电网	71	2013—2021年	59% of 71
10	美国安森美半导体	68	2005—2020年	7% of 68

由表5-2-1可见，机器视觉图像/目标检测专利TOP10申请人大部分来自中国和美国，共有6个中国申请人和4个美国申请人。美国企业投入研发时间较早，美国康耐视早在1994年就申请了相关专利，美国美光科技则在1998年申请了相关专利。美国美光科技申请的专利总量最多，达到274件；美国Aptina Imaging为美国申请总量位列第2的机构，达到160件；美国康耐视的申请总量为125件，位列美国第3。但是美国近几年研究投入力度不足，TOP10的美国机构近3年专利申请记录比率均低于10%。尽管美国美光科技的专利申请量最多，但是近3年专利申请量的占比仅为2%，美国安森美半导体公司近3年的专利申请记录比率最高，但是仅为7%。

北京百度科技有限公司为中国专利申请量最多的机构，达到164件；其次为浙江大学，专利申请量为107件；位列第三的为浙江工业大学，共有86件专利。中国优势研究高校普遍在2000年以后才投入研究，浙江大学于2004年申请相关专利，华南理工大学和广东工业大学于2007年申请相关专利，中国优势企业则普遍在2010年以后才申请相关专利，晚于我国优势高校近10年，例如，中国国家电网公司于2013年申请相关专利，北京百度科技公司于2018年才申请相关专利，可见中国产学研结合不够紧密，科研产业化滞后。

3.专利申请区域分析

对机器视觉图像/目标检测的专利优先权国家/地区进行分析，专利申请量的国家/地区分布见表5-2-2。

表5-2-2 全球机器视觉光源专利

国家/地区	硬件专利数（件）	国家/地区	硬件专利数（件）
中国大陆	8343	EP	100
美国	2125	日本	41
WO	445	德国	38
韩国	114	中国台湾	29
印度	101	英国	27

由表5-2-2可得，中国专利申请量遥遥领先，中国大陆的专利申请量为8343件，中国台湾地区的专利申请量为29件，中国专利申请量占全球专利申请量的比重超过70%，位列世界首位。主要申请人有北京百度网讯科技、浙江大学和中国国家电网等单位。美国的专利申请量为2125件，位列全球第二，占比达到20%左右，主要企业有美国Aptina Imaging、美光科技、康耐视等企业。PCT（专利合作条约）专利以445件专利的数量排行第三，但其不能算为特定国家或地区。韩国、印度和欧洲地区的专利申请量均不小于100件，排名为第四至第六位。

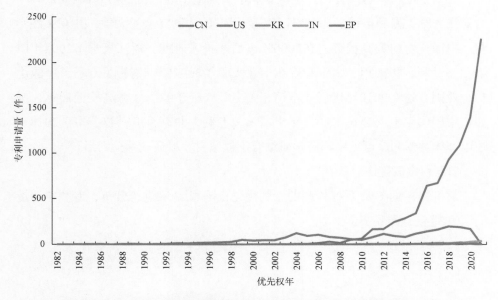

图5-2-2 机器视觉图像/目标检测领域主要国家专利申请年度分布

以优先权年为x轴、专利申请量为y轴，绘制机器视觉图像/目标检测主要技术来源国的专利申请趋势，见图5-2-2。中国机器视觉图像/目标领域的发展起步晚，但具有强大潜力，2010年之后，专利申请量大幅度增长，特别是2018年之后，显著高于其他国家。美国起步最早，研究实力稳步增长，1998年至今年均专利申请量处于100件上下，2018年专利申请量最多，达到198件。韩国、印度和世界知识产权组织的专利申请量趋势接近，近10年的专利申请量稳步上升，科研产出处于较高水平。

4.主要技术领域分析

图5-2-3展示了机器视觉图像/目标检测领域全球专利ThemeScape地图分析结果。可以看出，研究热点主要集中在Visual Detection Mechanism（视觉检测运行机制）、Surface Defect Detection Method（表面缺陷检测方法）、Display Module（显示模块）、Focus System（聚焦系统）、Object Side（对象侧）、Network Parameter（网络参数）、Accelerated Parallel Computation（加速并行计算）、Output Shaft（输出轴）等技术领域。其中，Display Module（显示模块）、Network Parameter（网络参数）和Visual Detection Mechanism（视觉检测运行机制）是近5年业界尤为关注的内容。

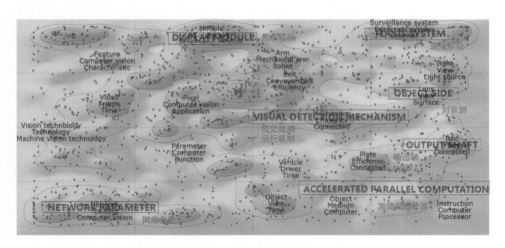

图5-2-3　机器视觉图像/目标检测领域全球专利ThemeScape地图

图5-2-4展示了中国与美国在机器视觉图像/目标检索领域的专利分布情况。其中，中国专利用红点标注，美国专利用绿点标注。由该图可见，中美两国在大部分热点领域均有专利产出，中国相对而言更关注Display Module（显示模块）、Visual Detection Mechanism（视觉检测运行机制）、Output Shaft（输出轴）和Object Side（对象侧）等技术领域。美国则主要聚焦于Accelerated Parallel Computation（加速并行计算）、Auto Focus System（自动对焦系统）和Focus System（聚焦系统）等领域。Network Parameter（网络参数）为两国都较关注的领域。

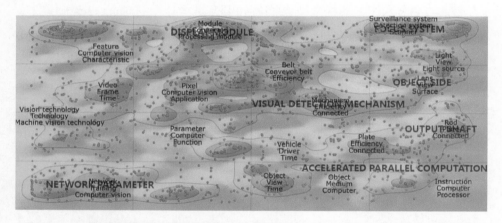

图5-2-4　机器视觉图像/目标检测领域专利ThemeScape地图——中美专利分布图

5.专利技术发展路线

图5-2-5展示了机器视觉图像/目标检测的发展历程，主要分为萌芽期、缓慢发展期和快速发展期3个阶段。

专利US6711293B1为萌芽期最受关注的专利，是哥伦比亚大学（Univ British Columbia）于2000年申请，被引频次为850次，该专利涉及一种识别图像中的尺度不变特征的方法和设备，首先使用处理器处理多个差分图像中各像素区子区域，然后定位像素振幅极值，定义像素区域，对子区域产生的分量子区域进行描述，最后将分量子区域与目标图像的分量子区域关联。此外，公开号为US6173066B1的专利同样备受关注，由Cybernet Systems Corp.公司于1997年申请，被引频次达到596次，该专利涉及一种改进的姿态确定和跟踪方法。由美国罗克韦尔国际公司（Rockwell International Corp.）于1995年申请的公开号为US5528698A的专利，被引频次达到576次，该专利涉及一种包括图像传感器和处理器的车辆乘员安全系统，该图像处理系统包括光电检测器和透镜组件，能够获取车辆内乘客座椅区域的图像。

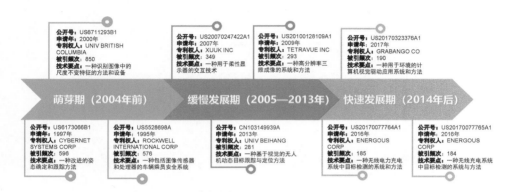

图5-2-5　机器视觉图像/目标检测专利技术发展路线图

缓慢发展阶段公开号为US20070247422A1的专利最受关注，被引频次为349次，由加拿大XUUK公司（Tetravue Inc.）于2007年提出申请，该专利涉及一种用于柔性显示器的交互技术。此外，公开号为CN103149939A的专利是缓慢发展期中备受关注的中国专利，由北京航空航天大学于2013年申请，被引频次达到281次，该专利提供了一种基于视觉的无人机动态目标跟踪与定位方法。

快速发展阶段公开号为US20170077764A1、US20170077765A1和US20170323376A1的专利，均受到大量关注。公开号为US20170323376A1的专利，由Grabango公司（Grabango Co.）申请，被引频次为190次，该发明公开了一种用于环境的计算机视觉驱动应用系统和方法。公开号为US20170077764A1的专利，由Energous（Energous Corp.）公司于2016年申请，被引频次达到185次，该专利将机器视觉应用在无线电力充电系统中。公开号为US20170077765A1的专利，由Energous Corp.于2016年申请，被引频次为184次，该专利公开了一种无线充电系统中目标检测的系统与方法。

三、机器视觉图像识别专利分析

1.专利趋势分析

对全球机器视觉图像识别专利以申请年为x轴、申请量为y轴主坐标轴、申请量年增长率为y轴次坐标轴，作全球机器视觉图像识别专利全球年申请量折线图及年增长率柱状图如下。

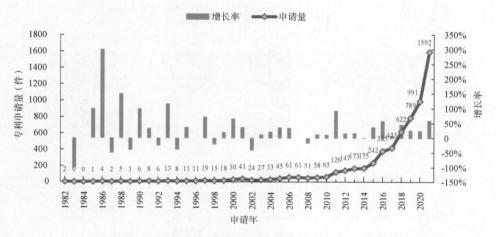

图5-3-1　全球机器视觉图像识别专利申请趋势

图5-3-1分析了全球机器视觉图像识别专利申请趋势，可知全球机器视觉图像识别专利技术发展大致可分为3个阶段。

第一阶段（1982—2005年），技术萌芽期。该时期对机器视觉图像识别的研发刚起步，专利申请数量不多，头18年间专利申请量甚至不超过20件。该时期专利申请主要来自美国，日本、英国和韩国也有零星成果；申请主力是美国康耐视、美国施乐和荷兰飞利浦；专利技术主要集中在G06T7/00（图像分析）、G06K9/00（用于阅读或识别印刷或书写字符或者用于识别图形，例如，指纹的方法或装置）和G06T5/00（图像的增强或复原）技术领域。

第二阶段（2006—2014年），缓慢发展期。该阶段专利申请数量开始明显上升，除美国有许多专利研发成果外，中国也积极开展机器视觉图像识别技术方面的研究。这一时期的申请主力是美国微软、美国康耐视和美国Tandent Vision Science。这一时期的技术热点集中在G06K9/00（用于阅读或识别印刷或书写字符或者用于识别图形，例如，指纹的方法或装置）、G06K9/62（应用电子设备进行识别的方法或装置）和G06T7/00（图像分析）技术领域。

第三阶段（2015年至今），技术高速发展期。该阶段专利申请数量飞速增长，2021年达到峰值1592件。专利申请主要来自中国，申请主力是中国百度、华南理工大学和浙江大学。这个时期的研究主要侧重于G06K9/62（应用电子设备进行识别的方法或装置）、G06K9/00（用于阅读或识别印刷或书写字符或者用于识别图形，例如，指纹的方法或装置）和G06N3/04（体系结构，如互连拓扑）技术领域。

2.申请人分析

对全球机器视觉图像识别TOP10申请人的专利申请相关指标进行统计（包括专利申请时间区间、近3年记录比率等），得表如下。

表5-3-1　全球机器视觉图像识别主要申请人专利指标

排名	申请人	专利申请量（件）	专利申请时间区间	近3年记录比率
1	北京百度网讯科技	136	2018—2021年	96% of 136
2	美国康耐视	78	1994—2021年	6% of 78
3	华南理工大学	50	2007—2021年	46% of 50
4	美国IBM	48	1992—2020年	35% of 48
5	浙江大学	47	2007—2021年	51% of 47
6	美国微软	44	1999—2021年	9% of 44
7	美国英特尔	37	1999—2022年	22% of 37
8	浙江工业大学	36	2007—2021年	33% of 36
9	美国美光科技	35	2000—2021年	49% of 35
10	北京工业大学	28	2013—2021年	75% of 28

由表5-3-1可见，全球机器视觉图像识别排行前十的申请人由中国和美国包揽，中国与美国五五开。排名前五的申请人中，60%为中国企业，中国头部申请人的实力更雄厚，科研水平更高，优势更为突出。百度网讯科技有限公

司申请的专利总量最多，达到136件；其次为美国康耐视集团，专利申请量为78件；位列第三的为华南理工大学，共有50件。美国企业的研发投入较早，20世纪均已经投入研发，美国IBM于1992年申请了相关专利，美国康耐视集团于1994年申请了相关专利，美国微软、英特尔均在1999年申请了相关专利，美国美光科技也在2000年申请了相关专利。美国康耐视和微软近3年申请的专利占比都不足10%，近几年研究投入力度不足，但美国美光科技、IBM和英特尔近3年申请的专利占比分别为49%、35%和22%，研发活动活跃，重视程度高。

中国申请人在机器视觉图像识别领域的起步相对较晚，表中最早投入机器视觉图像识别领域研发的是华南理工大学、浙江大学和浙江工业大学，于2007年申请了相关专利；其次是北京工业大学，于2013年申请了专利。北京百度科技有限公司起步最晚，2018年才申请了相关专利，但其后来居上，现已成为全球机器视觉图像识别领域专利申请量排行第一的申请人。中国申请人在机器视觉图像识别领域近3年申请的专利占比表现不俗，均在30%以上，其中百度和北京工业大学更是达到了96%与75%的高位数值，这代表着机器视觉图像识别是中国申请人近年来深耕的赛道，研发投入多，且取得了亮眼的成果。但上榜中国申请人中，仅有1家为企业，其余皆为高校，且企业申请该领域专利的时间晚于高校10多年，这说明该领域的产学转化联系不够深，产业化不足，企业对相关专利的申请没高校重视。

3.专利申请区域分析

由表5-3-2可得，在专利数量上，中国大陆以4093件专利占据机器视觉图像识别产业技术所有专利申请量的65.92%，主要申请人有北京百度网讯科技有限公司、华南理工大学、浙江大学等。美国以1322件专利排行第二，占全球的21.34%。PCT（专利合作条约）专利以336件专利的数量排行第三，但其不能算为特定国家或地区。印度、韩国、欧洲的全球占比均稍高于1%，排行第四至第六位。

以优先权年为x轴、专利申请量为y轴，绘制机器视觉图像识别主要技术来源国的专利申请趋势如图5-3-2所示。美国在该技术领域起步最早，1982年就已先行申请专利，进入技术萌芽期，2001年以前其他国家/地区在机器视觉图像识别领域甚至几乎没有专利产出，美国一家独大，占据绝对性统治地位；2001年，中国开始涉足机器视觉图像识别领域的研发，韩国等其他国家/地区也陆续在此领域开展持续研究，但直到2010年，美国的专利申请量仍占据极大优势。2012年，中国的专利申请量第一次追平美国，并在次年成功反超，且一直保持迅速增长，在2021年达到了1354件的峰值。

表5-3-2　全球机器视觉图像识别专利

国家/地区	硬件专利数（件）	国家/地区	硬件专利数（件）
中国大陆	4083	EP	69
美国	1322	德国	37
WO	336	日本	70
印度	98	英国	23
韩国	82	中国台湾	21

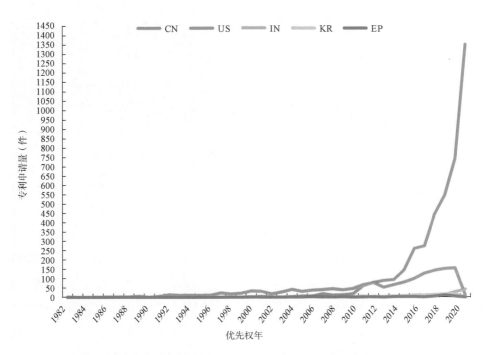

图5-3-2　机器视觉图像识别技术主要国家专利申请年度分布

4.主要技术领域分析

图5-3-3展示了机器视觉图像识别技术全球专利ThemeScape地图分析结果。可以看出，研究热点主要集中在Display Module（显示模块）、Defect Defection Method（缺陷检测方法）、Learning Engine（学习引擎）、Deep Convolutional Neural Network（深度卷积神经网络）、Re-Identification Method（再识别方法）、Bottom Plate（底板）、Computer Instruction（计算机指令）、Pixel Array（像素阵列）等技术领域。其中，Display Module（显示模块）、Deep Convolutional Neural Network（深度卷积神经网络）、Learning Engine（学习引擎）和Computer Instruction（计算机指令）是近5年业界尤为关注的内容。

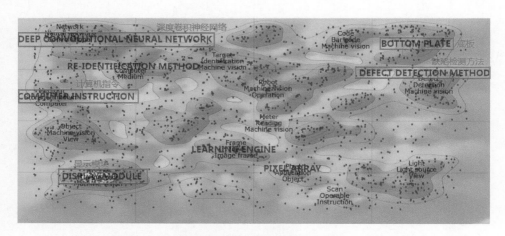

图5-3-3　机器视觉图像识别技术全球专利ThemeScape地图

图5-3-4展示了中国与美国在机器视觉图像识别技术全球专利ThemeScape地图中的专利分布情况。其中，中国专利用红点标注，美国专利用绿点标注。由图5-3-4易见，中国在绝大多数热点领域均有专利产出，且相对而言更关注Display Module（显示模块）、Defect Defection Method（缺陷检测方法）、Bottom Plate（底板）、Computer Instruction（计算机指令）和Deep Convolutional Neural Network（深度卷积神经网络）技术领域。美国的专利分布则较为集中于Pixel Array（像素阵列）、Object Machine Vision View（基于对象的机器视觉视图）等领域。Deep Convolutional Neural Network（深度卷

积神经网络）、Re-Identification Method（再识别方法）是中美双方共同关注的内容。

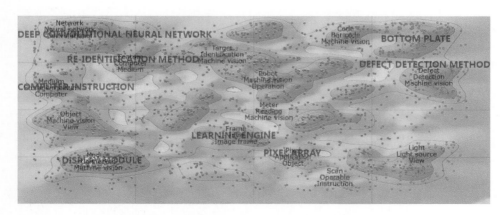

图5-3-4　机器视觉图像识别技术专利ThemeScape地图——中美专利分布图

5.专利技术发展路线

图5-3-5展示了机器视觉图像识别技术的发展历程，经历了技术萌芽期、缓慢发展期和技术高速发展期3个阶段。

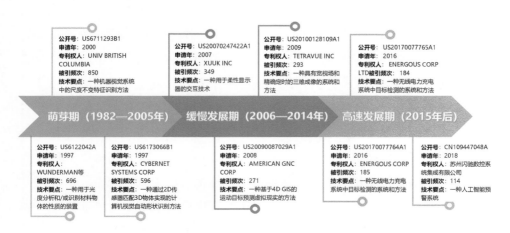

图5-3-5　机器视觉图像识别专利技术发展路线图

萌芽期（1982—2005年）的专利倾向于机器视觉图像识别的基础实现方法。该时期影响最大的是Univ British Columbia公开号为US6711293B1的专利，公开了一种用于识别图像中的尺度不变特征的方法和设备，以及使用这种尺度不变特征来定位图像中的对象的另一种方法和设备。所述用于识别标度不变特征的方法和装置可涉及使用处理器电路来为从图像产生的多个差分图像中的像素区域的每个子区域产生关于像素幅度极值的多个分量子区域描述符，被引频次达850次。WUNDERMAN等人公开号为US6122042A的专利，提供了一种用于光度分析和/或识别材料物体的性质的装置，包括具有基本上不同波长包络并以不同组合的快速序列激活的光源的集合，被引频次达696次。Cybernet Systems公司公开号为US6173066B1的专利，发明了一种通过将3D对象与2D传感器匹配，改进而来的姿态确定和跟踪方法，被引频次达596次。

缓慢发展期（2006—2014年）的机器视觉图像识别技术拓展至交互应用，如加拿大XUUK公司公开号为US20070247422A1的专利，发明了一种用于捕获一个或多个柔性显示表面的位置、取向和形状的方法，通过用户与所述显示表面的手动触碰或手势交互来确定对计算机系统的输入。Tetravue公司公开号为US20100128109A1的专利，公开了一种包括照明子系统、传感器子系统和处理器子系统的三维成像系统。美国GNC集团公开号为US20090087029A1的专利，提供了一种基于4D GIS的运动目标预测虚拟现实的方法，通过将从移动目标指示（MTI）传感器或小型无人机（UAV）摄像机获得的地形图像，与来自GIS的数字地图进行配准来确定移动目标的位置。

高速发展期（2015年至今）的机器视觉图像识别技术开始拓展至更多交叉应用领域。如美国Energous公司公开号为US20170077765A1的专利，公开了一种无线充电系统，包含用于确定图像数据中目标的距离的决策管理处理器，以及用于根据目标的距离传输电力传输信号的天线。充电发射装置中的机器视觉软件与相机一起运行，使该无线充电系统能够实时校准传输天线瞄准程度，提高接收机继续接收功率。美国Energous公司深耕机器视觉图像识别与无线充电系统的结合应用，其公开号为US20170077764A1的专利，还公开了一种无线充电系统，能够产生、发射电波并在场中预定位置产生能量袋，相关联的接收器可从这些能量袋中提取能量并转化为电能，视频传感器捕获传输场内视场的实际视频图像，并由处理器识别所捕获的视频图像内的所选对象、所选事件和/或所选位置。苏州闪驰数控系统集成有限公司公开号为CN109447048A的专利，提供了一种人工智能预警系统，通过人工智能预警系统对风险因素进行采集、对比分析、推理、评估、云计算、云存储、分级报警、应对防控；实现对警亭周边布控点进行全天候24小时监控，用户可实现信息共享，提高信息资源利用率，可为维护边疆稳定加大安全保障。

第六章

国际机器视觉
领先企业分析

一、美国美光科技有限公司

1.企业概况

美光科技有限公司（Micron Technology Inc.）1978年成立于美国爱达荷州博伊西，是以DRAM、NAND闪存和CMOS影像传感器为主营业务的综合性公司，产品广泛应用于移动、计算机、服务、汽车、网络、安防、工业、消费类及医疗等领域，是全球内存及存储解决方案的领跑者。在研发内存等主营业务之外，美光科技也关注机器视觉领域的研发，在机器视觉许多技术领域都拥有不错的实力。2003年，美光科技进军图像传感器领域，开发出130万像素CMOS图像传感器，使CMOS提供与电荷耦合器件（CCD）传感器相媲美的图像质量成为可能。COMS图像传感器广泛应用于摄像领域，是机器视觉传感器的重要组成部分。

2.企业专利申请趋势分析

对美光科技有限公司所有机器视觉专利以申请年与申请量为x轴与y轴制图，得美光科技有限公司在机器视觉技术领域的全球专利申请趋势如图6-1-1所示。

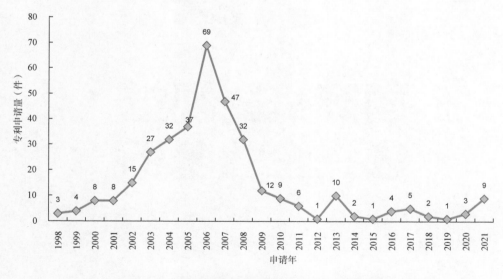

图6-1-1　美光科技有限公司全球专利申请趋势

从上图可以看出，美光科技有限公司的发展阶段性明显，其在20世纪90年代就开始了机器视觉的全球专利布局，2002年步入技术成长期，年专利申请量快速上涨，并在2006年达到年专利申请量峰值69件，该年申请的专利主要集中在由一个共用衬底内或其上形成的多个半导体或其他固态组件组成的器件（15件）、图像结构（10件）和电荷耦合图像器件（7件）技术领域。2007年开始，美光科技有限公司专利申请量大幅下降，并在2012年达到1件的低谷。2013年，美光科技有限公司的机器视觉研发进入缓慢发展期，年专利申请量在10件以下小幅波动。

3.企业核心专利分析

对美光科技有限公司所有机器视觉专利根据施引专利数高低排序，该公司排行前十的专利如表6-1-1所示。

表6-1-1　美光科技有限公司机器视觉领域核心专利（施引专利数TOP10）

公开号	公开日期	IPC-现版	施引专利数（次）
US6140630A	2000-10-31	H01L0027146|H04N0005363|H04N0005369|H04N0005374|H04N00053745	435
US6310366B1	2001-10-30	H01L002100|H01L0027146|H01L0027148|H01L0031062|H01L0031109|H01L003112|H01L003300|H04N0005335	419
US20060023314A1	2006-02-02	G02B002710	218
US20060033005A1	2006-02-16	H01L002700	196
US20090323195A1	2009-12-31	G02B000902	192
US20100244165A1	2010-09-30	H01L00310232|B41B001162	190
US20070206241A1	2007-09-06	H04N000146|G02B000520|H04N0005369	185
US20060176566A1	2006-08-10	G02B002710	184
US20080278591A1	2008-11-13	H04N0005235|H04N0005335|H04N000907	174
US20050224843A1	2005-10-13	H01L0027146|H01L0027148	157

由表6-1-1可见，美光科技有限公司机器视觉领域施引专利数最多的是公开号为US6140630A的专利，施引专利数435次，其DWPI标题为*Complementary metal oxide semiconductor imager in computer system, transfers charge from* *photodiode to floating diffusion node, based on transfer control signal applied to control terminal of charge transfer circuit*，IPC分类号为H01L27/146、H04N5/363、H04N5/369、H04N5/374和H04N5/3745，是"图像结构"和归属"电视系统的零部件"下"应用于复位噪声，如KTC噪声""SSIS结构；与其相关的电路""已编址传感器，例如：MOS或CMOS传感器""具有嵌入一像素内或者连接到传感器矩阵中的一组像素的附加组件，例如，存储器、A/D转换器、像素放大器、共用电路或者共用组件"的技术分类。该发明公开了一种CMOS成像器件，即CMOS成像器的VCC泵浦。其包括连接到传感器单元的复位栅极，转移栅极和行选择栅极中的一个或多个的电荷泵，并提供栅极控制信号，所述栅极控制信号使成像器件具有增加的动态范围电荷容量，同时使信号泄漏最小化。电荷泵还可以向电池中使用的光电栅极提供控制信号。

施引专利数第二的是公开号为US6310366B1的专利，施引专利数419次，其DWPI标题为*CMOS imager for camera, scanner, has pixel sensor array comprising photosensors and formed on retrograde wells having high dopant concentration at bottom of well*，IPC分类号为H01L21/00、H01L27/146、H01L27/148、H01L31/062、H01L31/109、H01L31/12、H01L33/00、H04N5/335，是"专门适用于制造或处理半导体或固体器件或其部件的方法或设备"的技术分类，归属"由在一个共用衬底内或其上形成的多个半导体或其他固态组件组成的器件"下"图像结构""电荷耦合图像器件"的技术分类，归属"对红外辐射、光、较短波长的电磁辐射，或微粒辐射敏感的，并且专门适用于把这样的辐射能转换为电能的，或者专门适用于通过这样的辐射进行电能控制的半导体器件；专门适用于制造或处理这些半导体器件或其部件的方法或设备；其零部件"下"只是金属—绝缘体—半导体型势垒的""为PN异质结型势垒的""与如在一个共用衬底内或其上形成的，一个或多个电光源，如场致发光光源在结构上相连的，并与其电光源在电气上或光学上相耦合的"的技术分类，"至少有一个电位跃变势垒或表面势垒的专门适用于光发射的半导体器件；专门适用于制造或处理这些半导体器件或其部件的方法或设备；这些半导体器件的零部件"的技术分类和"利用固态图像传感器〔SSIS〕"的技术分类。该专利发明了一种用于CMOS成像器的逆向阱结构，单个逆向阱可以拥有单个像素传感器单元或多个像素传感器单元，甚至可以在其中形成整个像素传感器单元阵列。该结构改进了成像器的量子效率和信噪比。

施引专利数排名第三的是公开号为US20060023314A1的专利，施引专利数218次，其DWPI标题为*Microlens array forming method for e.g. camera, involves patterning microlens material a to form pre-reflow array, bleaching portion of array through pattern, and reflowing array to form microlens array*，IPC分类号为G02B27/10，是"光束分解或组合系统"的技术分类。该专利发明了一种基于半导体的包含微透镜阵列的成像器，所述微透镜阵列可通过控制微透镜形状来修改微透镜阵列中所选择的微透镜的焦点特性。对微透镜材料刻画图纹形成预回流阵列，所选择的微透镜或每个微透镜的部分通过暴露于紫外光等来改性，从而控制回流熔化产生的微透镜形状。

4.企业关键技术分析

通过DI专利地图对美光科技有限公司机器视觉领域专利中的主题进行聚类分析如图6-1-2所示。由图可发现，Correction（校正）、Orientation（方向）、RowWise（行）、Band（波段）、Conversion（转换）、Neural Network（神经网络）等主题是该企业较为关注的内容。近5年，Neural Network（神经网络）是美光科技尤为关注的领域。

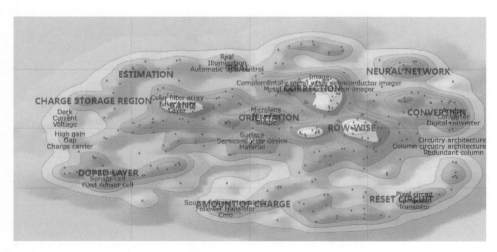

图6-1-2 美光科技有限公司技术热点领域分布图

针对主题进行分析后，发现高频词如表6-1-2所示。

表6-1-2　美光科技有限公司机器视觉专利高频词

关键词	专利量（件）	中文释义
Recognition	20	识别
Institution	19	机构
Medium	15	媒介
Network	13	网络
DopedLayer	12	掺杂层

通过对主题的高频词分析后发现，Recognition（识别）在专利中出现次数最多，有20件；其次为Institution（机构），共在19件专利中出现；Medium（媒介）出现次数位列第三，共有15件专利；Network（网络）出现了13次，位列第四；DopedLayer（掺杂层）以12件位列第五。

5.主要发明人和团队分析

美光科技有限公司的机器视觉研发发明人形成了较为明显的核心发明人团队以支撑整个公司的技术研发及专利申请。申请量排行前十的主要发明人、其主要合作者（排行前三的合作者）及其活跃时间区间如表6-1-3所示。

表6-1-3　美光科技有限公司机器视觉专利主要发明人（TOP10）

记录数量	个人	排名前三的合作者（个人）	时间区间
33	Rhodes Howard E.	Durcan Mark[3]; Mauritzson RichardA.[3]; Mouli Chandra[2]	1998—2010年
24	Mouli Chandra	Rhodes Howard[5]; Rhodes HowardE.[2]	2002—2010年
13	Rhodes Howard	Mouli Chandra[5]; Mauritzson Richard[2]; McKee Jeff[2]	2002—2008年
12	Li Jin	Li Jiutao[8]; Boettiger Ulrich[5]	2003—2010年
11	Boemler Christian	None	2004—2013年

续表

记录数量	个人	排名前三的合作者（个人）	时间区间
11	Kale Poorna	Cummins Jaime[3]	2020-2021年
11	Mauritzson RichardA.	Rhodes HowardE.[3]； Patrick Inna[2]	2003—2008年
11	Ovsiannikov Ilia	Subbotin Igor[3]； Jerdev Dmitri[3]	2004—2011年
11	Subbotin Igor	Ovsiannikov Ilia[3]； Jerdev Dmitri[2]； Kaplinsky Michael[2]	2002—2013年
10	Li Jiutao	Li Jin[8]	2003—2010年

由表6-1-3数据绘制图6-1-3，易见Rhodes HowardE.、Mouli Chandra的专利申请量较为突出，其余发明人的机器视觉专利申请量相差无几。其中，Rhodes Howard E.以33件的专利申请量遥遥领先，Mouli Chandra以24件专利申请量位居第二，Rhodes Howard和Li Jin专利申请量分别为13件和12件，Boemler Christian等5位发明人的专利申请量为11件，Li Jiutao为10件。

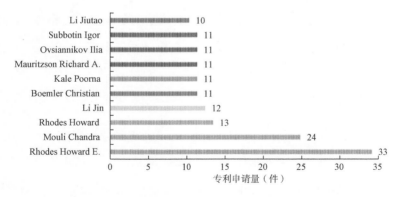

图6-1-3　美光科技有限公司机器视觉专利主要发明人专利申请量（TOP10）

值得一提的是，由表6-1-4中"排行前三的合作者"栏，可以看出美光科技有限公司的核心发明人之间，形成了较为紧密的合作团队。一是以排行第一的Rhodes Howard E.为中心的发明人团队，其合作最紧密的3位发明人中，2位是TOP10发明人，分别为排行第七的Mauritzson Richard A.（3次）和排行第二的Mouli Chandra（2次）；其二是以排行第二的Mouli Chandra为中心的发明人团队，其成员由排行第三的Rhodes Howard（5次）和排行第一的Rhodes Howard E.（2次）组成；其三是排行第四的Li Jin和排行第十的Li Jiutao组成的发明人团队，二人共合作8次；其四是排行第八的Ovsiannikov Ilia和排行第九的Subbotin Igor，二人共合作3次。

对美光科技有限公司所有机器视觉专利发明人，按"已出现的人""新出现的人"分类，以申请年为*x*轴、以发明人数量为*y*轴，绘制反映美光科技有限公司发明人发展趋势的柱状图如图6-1-4所示。

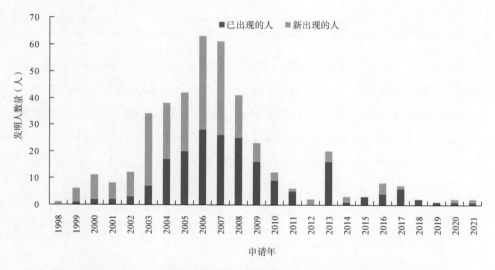

图6-1-4　美光科技有限公司机器视觉领域基于年份的活跃发明人数量

图6-1-4清晰地反映了美光科技有限公司机器视觉领域活跃发明人发展趋势。在机器视觉领域，美光科技有限公司整体活跃发明人数量在1988—2006年总体呈快速上涨趋势，数量峰值出现在2006年，该年也是新出现发明人数量最多的年份之一。2007年开始，美光科技机器视觉活跃发明人逐年下降，2011年降至10人以下，之后更是除2013年昙花一现的复苏外，一直保持着极低的活跃程度，新出现发明人数量极低。近5年，美光科技在机器视觉领域没有进行深耕。

6.近3年技术趋势分析

对近3年（2017—2019年）的技术主题（以德温特手工代码聚类）分析发现，美光科技有限公司近3年最关注的领域为T01-J14（语言翻译）、T01-J16C1（神经网络）、T01-J16C3（自然和图形语言处理）、T01-N01E（在线医学）和T01-N02A3（硬件）。U13-A01A（IC辐射传感器采用光电二极管、光电导体）、U13-D02A（CMOS集成电路结构）、W02-J01（扫描装置）、U11-C18B4（完整的光电设备制造）和L04-E05A（图像传感器）则是近几年不大关注的领域。见表6-1-4。

表6-1-4　美光科技有限公司近3年（2017—2019年）技术主题词（TOP5）

序号	近3年首次使用的主题词	代码含义	近3年不再出现的主题词	代码含义
1	T01-J14[11]	语言翻译	U13-A01A[69]	IC辐射传感器采用光电二极管、光电导体
2	T01-J16C1[11]	神经网络	U13-D02A[68]	CMOS集成电路结构
3	T01-J16C3[11]	自然和图形语言处理	W02-J01[67]	扫描装置
4	T01-N01E[11]	在线医学	U11-C18B4[66]	完整的光电设备制造
5	T01-N02A3[5]	硬件	L04-E05A[64]	图像传感器

二、美国康耐视集团

1.企业概况

作为全球领先的机器视觉公司，美国康耐视集团（Cognex Corp.）设计、研发、生产和销售各种集成复杂的机器视觉技术的产品，其产品包括广泛应用于全世界的工厂、仓库及配送中心的条码读码器、机器视觉传感器和机器视觉系统，能够在产品生产和配送过程中引导、测量、检测、识别产品并确保其质量。康耐视集团总部位于美国马萨诸塞州的Natick郡，拥有员工2295人，2019年收入达7.26亿美元。

康耐视集团成立于1981年，是一家为制造自动化领域提供视觉系统、视觉软件、视觉传感器和工业读码器的先进供应商。1982年，康耐视集团生产了世界上第一个工业光学字符识别（OCR）系统Data Man。1986年，完成了Search软件研发，实现了在灰度图像中快速精确地定位图案的重大技术突破，解决了系统可靠性问题。1994年，推出针对终端用户设计的基于计算机的视觉系统Checkpoint。1995年，并购美国半导体产业晶圆识别设备开发商Acumen，使康耐视集团涉足表面检测和车辆视觉系统。2000年，推出In-Sight，把相机、处理器和视觉软件结合到单个手机大小的小巧装置中，使最终用户视觉系统向前推进一大步。在此期间，还推出允许用户逐步建立表面检测功能的新型模块化表面检测系统Smart View，该系统迅速成为全球最热销的表面检测系统。2004年，推出第一款手持视觉产品Data Man（ID编码阅读器）。2005年，康耐视核心人员被国际半导体制造商（SEMI）授予2005年SEMI奖。

2.企业专利申请趋势分析

对康耐视集团所有机器视觉专利以申请年与申请量为x轴与y轴制图，得康耐视集团在机器视觉技术领域的全球专利申请趋势如图6-2-1所示。

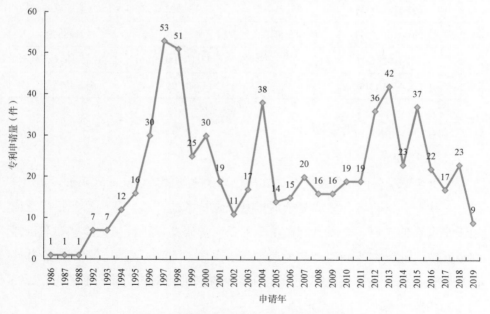

图6-2-1　康耐视全球专利申请趋势

从图6-2-1可以看出，康耐视集团的发展阶段性明显，并在20世纪80年代就开始了机器视觉的全球专利布局。1986—1998年是其快速发展期，专利年申请量由1986年的1件上涨至1998年的51件，年均增长率约35%，呈快速上涨态势。1997年是康耐视集团的专利布局顶峰（53件），该年申请的专利主要集中在图像分析（包括特征参数确定和场景分析）（20件）、模型缺陷检测（8件）、使用图像识别进行测量（8件）、图像预处理（7件）等技术领域。这个阶段，康耐视集团所研发的机器视觉技术形成了初步的技术积累。1999—2001年，康耐视集团专利申请量逐步回落，并在2002年降至11件的低谷。2002—2011年，康耐视集团进入平稳发展期，除2004年异军突起达到38件以外，10年内每年的专利申请量均维持在16件左右。其中，2004年康耐视集团专利申请主要集中在图像分析（包括特征参数确定和场景分析）（10件）、图像采集（5件）与以识别作为用途（包括字符和图像识别、OCR和对象识别）这3类技术领域，由此可判断，该年专利申请量的强势上扬，主要是受其推出第一款手持视觉产品Data Man（ID编码阅读器）的影响。2012年，康耐视集团专利申请量重回上升趋势，并在2012—2015年进入专利布局小高峰期，该阶段康耐视集团的专利布局热点依旧聚焦在图像分析（包括特征参数确定和场景分析）技术领域。在2016年之后，康耐视集团机器视觉领域的申请量再次出现回落，保持在20件左右的平稳发展水平。

3.企业核心专利分析

对康耐视集团所有机器视觉专利根据施引专利数高低排序，该公司排行前十的专利见表6-2-1。

表6-2-1　康耐视集团机器视觉领域核心专利（施引专利数TOP10）

公开号	公开日期	IPC-现版	施引专利数（次）
US5481712A	1996-01-02	G06F000944	366
US6681151B1	2004-01-20	B25J000916|B25J000918|G05B001912	286
US5640200A	1997-06-17	G06T000300|G06T000700	270
US6092059A	2000-07-18	G06K000962|G06K000968	262
US5768443A	1998-06-16	G06T000500|G06T000700|G01N002195	247

续表

公开号	公开日期	IPC-现版	施引专利数（次）
US20100008588A1	2010-01-14	G06K000952	223
US6819779B1	2004-11-16	G06K000900|G06K000946| G06T000500|G06T000700	202
US6175644B1	2001-01-16	G01N002188|G06T000700	202
US6408109B1	2002-06-18	G06T000500	192
US6173070B1	2001-01-09	G06K000900|G06T000700	180

由表6-2-1可见，康耐视集团施引专利数最多的是公开号为US5481712A的专利，施引专利数366次，其DWPI标题为*Digital processing system for interactively generating computer program has menu part coupled to program storage and positioning part which responds to position and program signals for graphically displaying syntactically correct modifications generated at locations of interest*，IPC分类号为G06F9/44，是"执行特定程序的安排"的技术分类。该专利发明了一个交互式生成计算机程序的数字处理系统，该系统可以借助交互式生成计算机程序的菜单部分耦合到程序存储和定位部分，能以图形的形式显示感兴趣的位置，生成对应的语法进行正确的修改，实现对位置和程序信号的响应。

施引专利数第二的是公开号为US6681151B1的专利，施引专利数286次，其DWPI标题为*Robot guiding system transforms difference between calculated fiducial location and desired fiducial location into displacement vector with respect to reference system of robot controller*，IPC分类号为B25J9/16、B25J9/18和G05B19/12，归属"程序控制机械手"下"程序控制""电的"的技术分类，和"应用记录载体"的技术分类。该专利发明了一种基于伺服机器人使用机器视觉来进行工件基准标记的系统和方法。机器人引导系统将计算出的基准位置与所需基准位置之间的差异，并将之转换为相对于机器人控制器参考系统的位移矢量。无论工件的旋转和定位如何变化，都能准确确定机器人夹持工件的相对位置；无论视场内的方向如何，工件都被定位到目标位置。

施引专利数排名第三的是公开号为US5640200A的专利，施引专利数270次，其DWPI标题为*Golden template analysis method for machine vision system detecting flaws and defects by registering and subtracting golden template image and test image and analysing resulting difference image*，IPC分类号为G06T3/00、G06T7/00，是"在图像平面内的图形图像转换""图像分析"的技术分类。该专利发明了一种用于机器视觉系统缺陷检测的黄金模板分析方法。通过对黄金模板图像和测试图像进行配准和相减并分析得到的差异图像，来进行高效图像配准从而检测缺陷，极其适用于半导体生产、印刷、图形艺术应用等不需要特殊定位的目标，缺陷检测定位高效且准确。

4.企业关键技术分析

通过DI专利地图对康耐视集团机器视觉专利中的主题进行聚类分析如图6-2-2所示。由图可发现，Reconstruction（重建）、Subsequent Image（后续图像）、Instance（实例）、Dimensional Field Of View（立体视野）、Handheld Scanner（手持扫描仪）、Flaw（缺陷）、Interconnection Pad（互连焊盘）、Patterned Illumination（模式照明）、Contact（接触）、Calibration Object（校准对象）、Mirror Assembly（镜子组件）、Dark Field Illumination（暗视野照明）、Mobile Device（移动设备）等主题是该企业较为关注的内容。

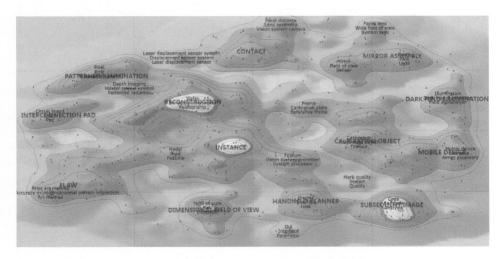

图6-2-2　康耐视集团技术热点领域分布图

针对主题进行分析后，发现高频词如表6-2-2所示。

表6-2-2　康耐视集团机器视觉专利高频词

关键词	专利量（件）	中文释义
Pose	69	姿势
System processer	38	系统处理器
Time image	38	时间影像
Vision system processer	37	视觉系统处理器
Training image	36	训练图片

通过对主题的高频词分析后发现，Pose（姿势）在专利中出现次数最多，有69件；其次为Systemprocesser（系统处理器）和Time image（时间影像），共在38件专利中出现；Vision systemprocesser（视觉系统处理器）出现次数位列第四，共有37件专利；Training image（训练图片）出现了36次，位列第五。

5.主要发明人和团队分析

康耐视集团的机器视觉研发发明人形成了较为明显的核心发明人团队以支撑整个公司的技术研发及专利申请。申请量排行前十的主要发明人、其主要合作者（排行前三的合作者）及其活跃时间区间如表6-2-3所示。

表6-2-3　康耐视集团机器视觉专利主要发明人（TOP10）

记录数量	个人	排名前三的合作者（个人）	时间区间
75	Laurens Nunnink	Reuter Richard[11]; NoonNENK L[11]; EQUITZ William[10]	2003—2019年
55	David J.Michael	Wallack AaronS.[20]; Wallack Aaron[9]; David Michael[8]; Koljonen Juha[8]	1993—2019年
51	Silver William Michael	McGarry E.John[15]; Nichani Sanjay[11]; Adam Wagman[11]	1986—2015年

续表

记录数量	个人	排名前三的合作者（个人）	时间区间
41	Wallack Aaron	Silver William[16]; Adam Wagman[14]; Wallack Araon[11]	1995—2017年
40	Wallack Aaron S.	David J.Michael[20]; Wallack Aaron[8]; Wallack Araon[6]; David Michael[6]; Wolff Robert Anthony[6]	1996—2016年
38	Adam Wagman	Wallack Aaron[14]; Silver William[14]; Silver William Michael[11]	1997—2018年
38	Nichani Sanjay	Silver William Michael[11]; Adam Wagman[10]; McGarry E.John[10]	1995—2006年
38	Silver William	Wallack Aaron[16]; Adam Wagman[14]; Silver William Michael[10]	1996—2007年
29	James A.Negro	Xiangyun YE[7]; Bachelder Ivan[4]; WangXianju[4]; Lauren Snunnink[4]	2010—2018年
26	David Michael	Wallack Aaron[10]; David J.Michael[8]; Wallack Araon[6]; Wallack AaronS.[6]	1993—2016年

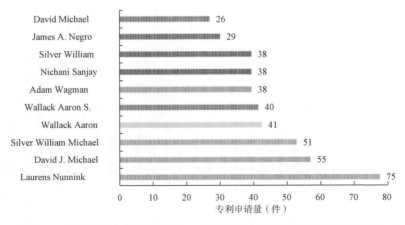

图6-2-3　康耐视集团机器视觉专利主要发明人专利申请量（TOP10）

由表6-2-3数据绘制图6-2-3，易见Laurens Nunnink、David J.Michael、Silver William Michael、Wallack Aaron和Wallack Aaron S.这5人的发明量位列前五。其中Laurens Nunnink以75件的专利申请量遥遥领先。David J.Michael与Silver William Michael位于核心发明人第二梯队，个人专利申请量分别为55件与51件。Wallack Aaron和Wallack Aaron S.位于核心发明人第三梯队，个人专利申请量分别为41件和40件。

值得一提的是，由表6-2-4中"排行前三的合作者"栏，可以看出康耐视集团的核心发明人之间，合作非常紧密。排行第二的David J.Michael，最紧密的合作人就是排行第五的Wallack AaronS.（20次）、排行第四的Wallack Aaron（9次）和排行第十的David Michael（8次）。排行第三的Silver William Michael，排行前三的合作者中有排行第六的Adam Wagman（11次）。排行第四的Wallack Aaron，最紧密的合作人是排行第八的Silver William（16次）和排行第六的Adam Wagman（14次）。康耐视集团形成了有力的核心发明人团队。

对康耐视集团所有机器视觉专利发明人，按"已出现的人""新出现的人"分类，以申请年为x轴、以发明人数量为y轴，绘制反映康耐视集团发明人发展趋势的柱状图如图6-2-4所示。

图6-2-4 康耐视集团机器视觉领域基于年份的活跃发明人数量

图6-2-4清晰地反映了康耐视集团机器视觉领域活跃发明人发展趋势。在机器视觉领域，康耐视集团整体活跃发明人数量总体呈波动上涨趋势，数量峰值出现在2012年，该年也是新出现发明人数量最多的年份。由图可见，康耐视集团持续有新发明人出现，说明该公司研发团队不断壮大，研发实力逐年增强。同时，"已出现的发明人"在各年份中的占比较为稳定，在50%左右上下波动（各年份占比平均值为49.95%），说明康耐视集团在基本保持了既定发明群体的基础上，不断吸收新鲜人才，维持了良好的研发状态。

6.近3年技术趋势分析

对近3年（2017—2019年）的技术主题（以德温特手工代码聚类）分析发现，康耐视集团近3年最关注的领域为P82-T99（制作特定的轧制产品）、P82-A02（摄影投影、照片查看器）、P81-A07（光栅）P81-A50E（用于投影和记录图像或模型）和P81-M（光学元件、系统或设备的制造）。T04-D07A（检测模型缺陷）、U11-F01B3（使用图像识别进行测量）、T01-J07B（制造/工业机器的计算机控制和质量控制）、T01-E01（排序、选择、合并或比较数据）和T01-J10G（应用程式）则是近几年不大关注的领域。见表6-2-4。

表6-2-4　康耐视集团近3年（2017—2019年）技术主题词（TOP5）

序号	近3年首次使用的主题词	代码含义	近3年不再出现的主题词	代码含义
1	P82-T99[2]	制作特定的轧制产品[一般]	T04-D07A[41]	检测模型缺陷
2	P82-A02[2]	摄影投影、照片查看器	U11-F01B3[38]	使用图像识别进行测量
3	P81-A07[1]	光栅	T01-J07B[33]	制造/工业机器的计算机控制和质量控制（QC）
4	P81-A50E[1]	用于投影和记录图像或模型	T01-E01[30]	排序、选择、合并或比较数据
5	P81-M[1]	光学元件、系统或设备的制造	T01-J10G[29]	应用程式

三、日本基恩士集团

1.企业概况

自1974年成立以来，日本基恩士集团（Keyence Corporation）稳步发展和创新，成为全球工业自动化和检测设备开发和制造领域的创新领导者，其产品包括读码器、激光刻印机、机器视觉系统、测量系统、显微镜、传感器和静电消除器。基恩士集团70%的产品都应用世界首创技术或行业首创技术。基恩士集团一直在"全球最具创新力的公司"（福布斯）等著名公司排名中名列前茅，自2011年以来一直是福布斯全球最具创新力的公司100强。截至2020年3月，该公司一直是福布斯日本市值排名前5的公司之一。

基恩士集团的总部位于日本大阪，资本金281 078 000美元，在46个国家/地区设有220个办事处，全球员工8419人，2019年全球销售额达5 062 782 000美元[①]，拥有逾25万的全球客户。

2.企业专利申请趋势分析

图6-3-1是基恩士集团在机器视觉技术领域的全球专利申请趋势。基恩士集团在机器视觉领域的专利申请非常活跃，横向对比而言，基恩士专利年申请量均值与申请总量均大幅超过本章其他公司。

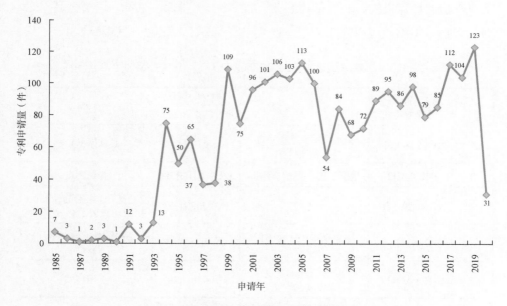

图6-3-1 基恩士集团全球专利申请趋势

---

① 数据来自 KEYENCE 官网中的公司简介（https://download.keyence.com/contents/?dlc=C5eUDUU7xUyoQ2XRGw4UNObr8UQjlJfi）。文档中为方便起见，美元金额从日元转换而来，109 日元 =1 美元，2020 年 3 月 20 日的近似汇率。

在全球范围内，基恩士集团虽然在20世纪80年代就开始了机器视觉相关专利的申请布局，但在1991年以前，申请量都非常低，基本维持在2件左右的水平。1991年，基恩士集团在机器视觉领域的专利申请量由1990年的1件增长至12件，实现了早期的小突破，并于1994年飞跃至75件申请量的小高峰。之后基恩士集团机器视觉相关专利的申请一直保持着较好的增长态势，并在1999年大幅增长至109件，同比增长186.84%。1999—2006年是基恩士集团机器视觉专利申请的第二个高峰期，8年间专利持续性喷发式申请，每年的申请量均保持在100件左右。2007年，基恩士集团机器视觉专利申请量出现回落，达到21世纪来的最低值54件。但此后，基恩士集团的专利申请量呈现快速波动上涨的趋势，并在2019年达到专利申请量峰值123件。该年申请的专利主要集中在光学测量（50件）、图像分析（37件）和用于轮廓及面积测量（包括形状测量）的测量装置（36件）这3类技术领域。

3.企业核心专利分析

对基恩士集团所有机器视觉专利根据施引专利数高低排序，该公司排行前十的专利见表6-3-1。

表6-3-1　基恩士集团机器视觉领域机器视觉领域核心专利（施引专利数TOP10）

公开号	公开日期	IPC-现版	施引专利数（次）
JP2000058290A	2000-02-25	H01T001904|H01T002300| H05F000304	112
JP11028586A	1999-02-02	B23K002600|H01S000311	74
US20100194583A1	2010-08-05	G08C001916	64
US20070100492A1	2007-05-03	B23K002600	64
JP7264036A	1995-10-13	H03K001778	63
JP2013067121A	2013-04-18	B29C006700	56
JP2008096123A	2008-04-24	G01C000306|G01B001100| G01B001124|G01S001748	52
JP2004253192A	2004-09-09	B03C000302|B03C000340| B03C000341|B03C000366| B03C000368|B03C000382| H01T001904|H01T002300| H05F000304	47

续表

公开号	公开日期	IPC-现版	施引专利数（次）
JP2004253193A	2004-09-09	H01T001904|H01T002300| H05F000304	43
US20080017619A1	2008-01-24	B23K002600|B23K002604| B23Q001500	43

由表6-3-1可见，基恩士集团施引专利数最多的是公开号为JP2000058290A的专利，施引专利数112次，其DWPI标题为*Static removal apparatus for LCD device production line, comprises positive and negative polarity high voltage generators receiving DC power through switches whose switching time is regulated by controller*，IPC分类号为H01T19/04、H01T23/00和H05F3/04，是"具有尖形电极的电晕放电装置""产生被引入非密封气体中的离子的装置""用火花隙或其他放电装置引走静电电荷的"的技术分类。该专利发明一个LCD设备生产线的静电去除装置，包括通过开关接收直流电源的正负极性高压发生器，开关时间由控制器调节。

施引专利数排行第二的是公开号为JP11028586A的专利，施引专利数74次，其DWPI标题为*Laser marking apparatus controls galvano mirror, lamp power supply and Q switch based on scanning speed signal, laser output and measured frequency of Q switch respectively*，IPC分类号为B23K26/00和H01S3/11，归属"用激光束加工""其中光谐振器的品质因数迅速改变的，即巨脉冲技术的激光器"的技术分类。该专利发明了一种激光打标仪根据扫描速度信号、激光输出和Q开关的测量频率分别控制电流镜、灯电源和Q开关的方法。无须指定Q-switch的频率，便于设置最佳打印条件，且能有效控制激光的扫描速度，使打印更清晰。

施引专利数排行第三的是公开号为US20100194583A1的专利，施引专利数64次，其DWPI标题为*Optical scanning type photoelectric switch for two-dimensional scanning of light projection pulse to e.g. detect person, in warning area around e.g. robot, has safety signal output controlling device switching safety signal*，IPC分类号为B23K26/00和H01S3/11，归属"用激光束加工""光谐振

器的品质因数迅速改变的，即巨脉冲技术的激光器"的技术分类。该专利发明了一种激光扫描型光电开关，该装置可用于光投射脉冲的二维扫描，并能测量物体的距离以感应二维物体的位置。当投射脉冲扫描到例如检测人员，在机器人和危险源等机器周围的警告或保护区内时，具备安全信号输出控制装置切换安全信号的能力。

4.企业关键技术分析

通过DI专利地图对基恩士集团机器视觉专利中的主题进行聚类分析如图6-3-2所示。由图可发现，Reader（识别器）、Display Unit（显示单元）、Photoelectric Sensor（光电传感器）、Transistor（晶体管）、Observation Apparatus（观察仪器）、User Program（用户程序）等主题是该企业较为关注的内容。

图6-3-2 基恩士集团技术热点领域分布图

针对主题进行分析后，发现高频词如表6-3-2所示。

通过对主题的高频词分析后发现，Microscope（显微镜）在专利中出现次数最多，有188件；Measurement Object（测量对象）次之，在174件专利中出现；随后是Reader（识别器），共在172件专利中出现；Imaging（成像）出现次数位列第四，共有168件专利；Laser Beam（激光束）出现了153次，位列第五。

表6-3-2 基恩士集团机器视觉专利高频词

关键词	专利量（件）	中文释义
Microscope	188	显微镜
MeasurementObject	174	测量对象
Reader	172	识别器
Imaging	168	成像
LaserBeam	153	激光束

5.主要发明人和团队分析

基恩士集团的机器视觉专利发明申请量排行前十的主要发明人、其主要合作者（排行前三的合作者）及其活跃时间区间如表6-3-3所示。

表6-3-3 基恩士集团机器视觉专利主要发明人（TOP10）

记录数量	个人	排名前三的合作者（个人）	时间区间
66	Yamakawa Hideki	Idaka Mamoru[26]; MORISONO KOTARO[22]; HASEBE HIROYASU[15]	2000—2019年
45	Inomata Masahiro	Matsumura Shingo[9]; Kang Woobum[8]; SEKIYA SUGURU[4]	1991—2017年
44	Nishio Yoshiaki	SASAKI RYOICHI[2]; SATOYOSHI HIROYUKI[2]; ISHII SATOSHI[2]	1988—2010年
42	Kang Woobum	KONDO RYOSUKE[8]; INOMATA MASAHIRO[8]; TAKAHASHI SHINYA[3]	2007—2019年
41	Idaka Mamoru	YAMAKAWA HIDEKI[26]; MORISONO KOTARO[17]; HASEBE HIROYASU[11]	2003—2020年
40	Fukumura Koji	INOUE SATORU[4]; MIYAMOTO YUTAKA[2]	2000—2012年
36	Morisono Kotaro	YAMAKAWA HIDEKI[22]; IDAKA Mamoru[17]; HASEBE HIROYASU[13]	1995—2015年

续表

记录数量	个人	排名前三的合作者（个人）	时间区间
35	Hasebe Hiroyasu	YAMAKAWA HIDEKI[15]; MORISONO KOTARO[13]; IDAKA Mamoru[11]	1994—2013年
35	Inoue Satoru	KUDO Motohiro[6]; SUHARA MASAAKI[6]; MURAKAMI KEISUKE[4]; FUKUMURA KOJI[4]	2001—2008年
34	Fujita Tsukasa	YAMAMOTO MASANORI[5]; YAMAMOTO YOSHINORI[4]; HASHIMOTO NAOAKI[4]	1994—2012年

由表6-3-3数据绘制图6-3-3，易见Yamakawa Hideki、Inomata Masahiro、Nishio Yoshiaki、Kang Woobum与Idaka Mamoru这5人的发明量排行前五。其中，Yamakawa Hideki以66件的专利申请量占据第一，Inomata Masahiro、Nishio Yoshiaki、Kang Woobum与Idaka Mamoru的专利申请量分别是45件、44件、42件、41件，差距较小，属于同一层级。

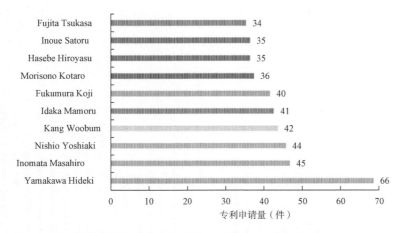

图6-3-3　基恩士集团机器视觉专利主要发明人专利申请量（TOP10）

此外，由表6-3-3中"排行前三的合作者"栏，可以观察到基恩士集团的主要发明人之间，形成了2个较为紧密的发明人团队。其中实力最强、联系最紧密的是由排行第一的Yamakawa Hideki、排行第五的Idaka Mamoru、排行第七的Morisono Kotaro与排行第八的Hasebe Hiroyasu组成的发明人团队。该团队中，所有成员最紧密的合作者均为另外3人，且互相之间的合作次数最大值为26次，最小值也达到了11次，合作程度高，发明人实力强，可视为基恩士集团的核心发明人团队。另一个发明人团队是由排行第二的Inomata Masahiro与排行第四的Kang Woobum组成的合作团队，二人均在彼此排名前三的合作者中，合作次数为8次。同时，由表6-3-3中"时间区间"栏，可看出各发明人在公司的就职时间都非常长，这代表着基恩士集团的发明人工作状态非常稳定，人才对公司的忠诚度极高，这可能与日企的企业文化有一定关联。

对基恩士集团所有机器视觉专利发明人，按"已出现的人""新出现的人"分类，以申请年为x轴、以发明人数量为y轴，绘制反映基恩士集团发明人发展趋势的柱状图如图6-3-4所示。

图6-3-4清晰地反映了基恩士集团发明人发展趋势。在机器视觉领域，基恩士集团整体发明人数量总体呈上涨趋势。1999年前，基恩士集团的活跃发明人数量除1994年（53名）以外，均在40名以下。1999年，基恩士集团的活跃发明人数量大幅抬升到82名，这受益于该年出现了历年最多的新出现发明人（36名）。自1999年后，基恩士集团的活跃发明人数量一直保持在较高

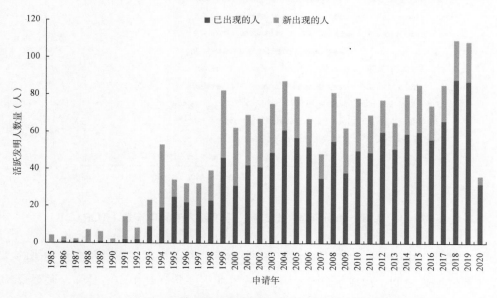

图6-3-4　基恩士集团机器视觉领域基于年份的活跃发明人数量

水平并继续波动上涨。2018年，基恩士集团活跃发明人峰值出现（109名），并在第二年继续维持了高位水平（108名）。纵观基恩士集团历年活跃发明人，易见已出现的活跃发明人构成了基恩士集团活跃发明人的主要部分。排除早期发展时期的数据，1994年以后，历年"已出现的发明人"占比均值为69.95%。这表明基恩士集团在度过早期业务开创期以后，发明人群体较为固定，虽然持续有新加入发明人，但固有发明人才是企业整体发明人的主流，企业人才流动性较低，忠诚性较高。

6.近3年技术趋势分析

对近3年（2018—2020年）的技术主题（以德温特手工代码聚类）分析发现，基恩士集团近3年最关注的领域为W04-P（视频信号处理）、T01-J16C1（人工智能知识加工的神经网络，包括使用在硬件中构建或在软件中模拟的并行分布式处理元素）、U21-C03C（逻辑功能及通用集成电路详解中的故障安全）、S02-C02（不连续体积流量计）和V03-B01C（控制器开关）。而S02-A03B2（用于长度、宽度、厚度、间距的测量装置）、S02-A03B3（用于变形、深度或轮廓的测量装置）、S03-A01B（使用电辐射探测器的光度测量）、S02-J04B1（显微镜的测试）、T01-E01（排序、选择、合并或比较数据）则是近几年不大关注的领域。见表6–3–4。

表6–3–4　基恩士集团近3年（2018—2020年）技术主题词（TOP5）

序号	近3年首次使用的主题词	代码含义	近3年不再出现的主题词	代码含义
1	W04-P[9]	视频信号处理	S02-A03B2[74]	用于长度、宽度、厚度、间距的测量装置
2	T01-J16C1[5]	（人工智能知识加工的）神经网络	S02-A03B3[51]	用于变形、深度或轮廓的测量装置
3	U21-C03C[4]	（逻辑功能及通用集成电路详解中的）故障安全	S03-A01B[45]	使用电辐射探测器的光度测量
4	S02-C02[4]	不连续体积流量计	S02-J04B1[45]	显微镜的测试
5	V03-B01C[3]	控制器开关	T01-E01[42]	排序、选择、合并或比较数据

四、德国 Basler AG 集团

1.企业概况

德国Basler AG集团是一家全球领先的高品质相机和相机配件供应商，专注于计算机视觉领域的一站式解决方案，通过打造囊括各类面阵相机、线阵相机、网络高清相机、3D相机，图像采集卡及相关软件，镜头、线材、灯源等配件，包括高质量相机模块、评估和开发工具包及所有必要配件在内的嵌入式视觉产品线的高品质专业产品，竭力为工厂自动化、交通运输、医疗、零售、物流等市场提供一流服务。

Basler AG集团于1988年成立，1997年，Basler AG集团成立数字相机业务部门，1999年公司总部迁入德国阿伦斯堡，首次公开募股（IPO），并与当时全球CMOS感光成像技术领域的领导者Photobit Corporation建立战略合作关系。2001年，Basler AG集团与Micron Technology Inc.建立战略合作关系。2004年，Basler AG集团凭借平板显示检测应用系统荣获DIHK（德国工商总会）颁发的创新大奖。2008年，Basler网络高清相机产品成功进入欧美市场。2016年，Basler AG集团顺应3D发展趋势，推出首款3D相机——BaslerToF（Time-of-Flight），一跃成为数字工业相机市场的世界领军企业。2017年，凭借收购mycable Gmb H，Basler AG集团继续在嵌入式视觉市场拓展服务范围，在产品线中新增相机模块和嵌入式视觉应用。2018年，Basler收购Silicon Software Gmb H公司，扩展适用于计算机视觉应用的产品线，并与中国代理商北京三宝兴业视觉技术有限公司组建合资公司，强化Basler AG集团在中国市场的商业布局。2020年，Basler AG集团荣获国际著名的"2020年度Axia最佳公司管理奖"。

现今，Basler AG集团在全球有800多名员工，在欧洲、亚洲和北美洲均设有分支机构，在中国就有6个办事处。2021年上半年，Basler AG集团销售额高达1.152亿欧元，订单量高达1.524亿欧元，税前利润高达2080万欧元，业绩创下历史新高。

2.企业专利申请趋势分析

德国Basler AG集团在机器视觉技术领域的全球专利申请趋势如图6-4-1所示。

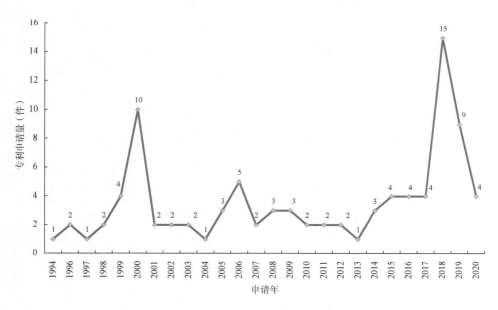

图6-4-1　Basler AG集团全球专利申请趋势

由上图可见，Basler AG集团的专利申请情况整体上不活跃，呈现低位稳定态势，期间偶有小高峰。在1994—1998年，Basler AG集团每年的专利申请量一直在1至2件波动。随后专利申请量快速上涨，并在2000年大幅上涨为10件。这可能是受益于Basler AG集团在1999年与当时全球CMOS感光成像技术领域的领导者Photobit Corporation建立了战略合作关系。2001年，Basler AG集团的专利申请量迅速回落，并在之后的十几年间一直保持年专利申请量3件左右的低位水平。但在2018年，Basler AG集团专利申请量直线上涨，达到了专利申请峰值（15件），该年申请的专利主要集中在基于软件声明的产品（7件）、图像增强（7件）、目标颜色处理和颜色系统转换（4件）、视频信号处理（4件）等技术领域。这可能与其凭借2017年与2018年的收购，在产品线中新增相机模块和嵌入式视觉应用，扩展适用于计算机视觉应用的产品线有关。

3.企业核心专利分析

对Basler AG集团所有机器视觉专利根据施引专利数高低排序，该公司排行前十的专利见表6-4-1。

表6-4-1　Basler AG集团机器视觉领域核心专利（施引专利数TOP10）

公开号	公开日期	IPC-现版	施引专利数（次）
EP1801569A2	2007-06-27	G01N002195	41
DE29819954U1	1999-04-15	G03H000104 | G03H000122 | G03H000124 | G07D000700	24
DE4434474A1	1996-03-28	G01N002195 | G11B00070037 | G11B000726	12
DE102006004060A1	2007-08-09	G01B001125 | G01B001104	12
DE19924133A1	2000-11-30	F21V000716 | F21V002304 | F21V000800 | F21V001112	10
EP2367360A2	2011-09-21	H04N000964	10
EP2150039A1	2010-02-03	H04N0005351 | H04N0005372	9
DE10028201A1	2001-12-20	G01N002195 | G11B000726	9
DE102009010837A1	2010-09-02	G01N002195 | G01B001130 | G01M001100	8
DE19963836A1	2001-07-12	H04N0005225 | H04N0005232	8

由表6-4-1可见，Basler AG集团机器视觉领域施引专利数最多的是公开号为EP1801569A2的专利，施引专利数41次，其DWPI标题为*Crack e.g. micro crack, detecting method for use in e.g. semiconductor or silicon wafer, involves producing two images of section of wafer and detecting crack by combining two images in image processing*，IPC分类号为G01N21/95，是"利用光学手段来测试或分析待测物品的材料或形状特征"的技术分类。该专利发明了一种检测薄晶片板（如半导体或硅晶片）中的裂纹（如微裂纹）的方法。通过关联晶片截面的两个图像，并在图像处理中组合两个图像来进行裂纹检测，从而能够可靠地检测半导体晶片中的裂纹。

施引专利数排行第二的是公开号为DE29819954U1的专利，施引专利数24次，其DWPI标题为*Hologram checking system e.g. for credit cards*，IPC分类号为G03H1/04、G03H1/22、G03H1/24与G07D7/00，是"应用光波、红外波或紫外波产生全息图的工艺过程或设备""应用光波、红外波或紫外波从全息图取得光学图像的工艺过程或设备""应用白光取得全息图或由此获得图像的全息摄影工艺过程或设备""专门适用于确定有价纸币的同一性或真实性的检验，或者用于分离不合格的纸币例如不流通的银行票据"的技术分类。该专利发明了一个全息图光学测试装置，能够快速检查支票或信用卡的全息图。该全息图检查系统可在诸如支票的卡上形成的环绕卡片1/4个圆形的多个光源，光源按组排列，并按程序顺序切换。人员可以设置照相机来拍摄全息图并且评估所获得的图像。

　　施引专利数并列第三的是公开号为DE4434474A1和DE102006004060A1的专利，施引专利数12次。前者DWPI标题为*Quality control testing of object with light permeable layer, e.g. compact disc having layer behind light permeable layer reflecting light back from object esp. CD with at least one light beam of light source applied at incident angle alpha on CD*，IPC分类号为G01N21/95、G11B7/0037和G11B7/26，是"利用光学手段来测试或分析待测物品的材料或形状""用光学方法在以碟片类记录载体上进行记录或重现""专用于记录载体制造的工艺方法或设备"的技术分类。该专利发明了一种透光层物体的质量控制测试的方法，能够同时点亮两个不同的光敏接收器，以指示光盘的不同故障。后者DWPI标题为*Moved object's height and/or height progress measuring method, involves reducing and inversing detected object height by correction value with object height that increases in course of movement of object relative to recording axis of sensor*，IPC分类号为G01B11/25和G01B11/04，归属"以采用光学方法为特征的计量设备"分类下"通过在物体上投影一个图形""专用于物体移动时计量其长度或宽度"的技术分类。该专利发明了一种移动物体的高度和/或高度进展的测量方法，在物体相对于传感器的光学记录轴的运动过程中，通过物体高度的校正值减小并求反，以近似地确定物体的实际高度，从而减少或避免滚动快门相机在使用过程中得出的高度测量值与实际物体高度之间的偏差。

4.企业关键技术分析

　　通过DI专利地图对Basler AG集团机器视觉专利中的主题进行聚类分析如图6-4-2所示。由图可发现，Sensitive Receiver（灵敏的接收器）、Lens（镜头）、Correction（更正）、Mark（标记）、Multiple Image（多重影像）等主题是该企业较为关注的内容。

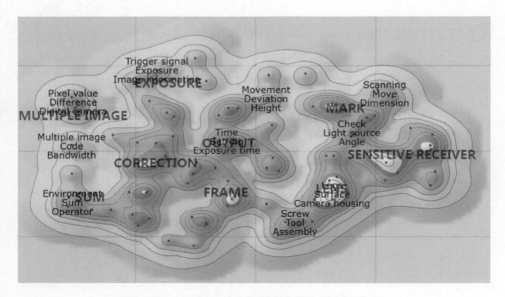

图6-4-2　Basler AG集团技术热点领域分布图

针对主题进行分析后，发现高频词如表6-4-2所示。

表6-4-2　Basler AG集团机器视觉专利高频词

关键词	专利量（件）	中文释义
Imagesensor	27	图像传感器
Manner	25	方式
Signal	25	信号
Light	23	光
Pixel	23	像素

通过对主题的高频词分析后发现，Imagesensor（图像传感器）在专利中出现次数最多，有27件；紧随其后的是Manner（方式）和Signal（信号），在25件专利中出现；并列第四的是Light（光）和Pixel（像素），出现了23次。

5.主要发明人和团队分析

Basler AG集团的机器视觉专利发明申请量排行前十的主要发明人、其主要合作者（排行前三的合作者）及其活跃时间区间如表6-4-3所示。依据各发明人发明专利的记录数量，绘制柱状图，见图6-4-3。

表6-4-3　Basler AG集团机器视觉专利主要发明人（TOP10）

记录数量	个人	排名前三的合作者（个人）	时间
18	Dr. Kunze Jörg	None	2005—2018年
7	Kaupp Ansgar Dr.	Quarta Steffen[2]	1999—2000年
6	Kholopov Andrej	Hagemann Benjamin[2]	2014—2019年
5	Dekarz Jens	Gramatke Martin[2]	2007—2020年
5	Kress Sven	Kholopov Andriy[2]	2012—2019年
5	Kunze Jörg	None	2008—2019年
4	Bock Andreas Dr.	None	2000—2008年
4	Gramatke Martin	Dekarz Jens[2]; Fornasiero Livio[2]; Biemann Volker[2]	2000—2017年
4	Hagemann Benjamin	Kholopov Andrej[2]	2015—2018年
3	Brachmann Ralf	None	2006—2018年

由表6-4-3与图6-4-3，易见Dr.KunzeJörg以18件专利申请总量遥遥领先，且所发明专利无合作者，为"独狼"型人才。Kaupp Ansgar Dr.以7件的专利申请总量位居第二，但由于其所发明专利的申请时间均集中在1999—2000年这2年间，所以单论年均申请量而言，Kaupp Ansgar Dr.要胜过Dr.KunzeJörg。Kholopov Andrej以7件专利申请量排行第三，并且与排行第九的Hagemann Benjamin之间的合作较为紧密，形成了小规模的发明人团队。Dekarz Jens、Kress Sven和Kunze Jörg以4件专利申请量并列第四，其中Dekarz Jens最紧密的合作者是排行第八的Gramatke Martin，二人形成了小规模的发明人团队。

对Basler AG集团所有机器视觉专利发明人，按"已出现的人""新出现

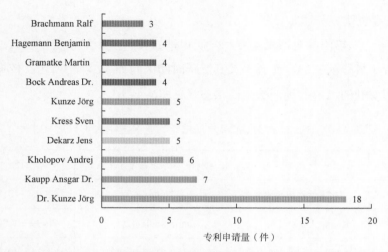

图6-4-3　Basler AG集团机器视觉专利主要发明人专利申请量（TOP10）

的人"分类，以申请年为*x*轴、以发明人数量为*y*轴，绘制反映Basler AG集团发明人发展趋势的柱状图如图6-4-4所示。

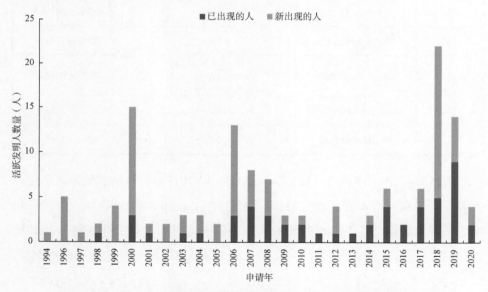

图6-4-4　Basler AG集团机器视觉领域基于年份的活跃发明人数量

由上图易得，Basler AG集团在机器视觉领域持续有新加入者出现，并且历年"新出现的人"在当年所有发明人中占比的平均值为57.77%，人员变动速度快。活跃发明人数量最多的是2018年（22名），这受益于该年新出现的发明人人数众多，占到该年发明人总数的77.27%。这可能与Basler在当年收购Silicon Software GmbH公司，扩展适用于计算机视觉应用的产品线有关。

6.近3年技术趋势分析

对近3年（2018—2020年）的技术主题（以德温特手工代码聚类）分析发现，Basler AG集团近3年最关注的领域为S02-B01（测量视线距离；光学测距仪）、W04-M01（摄像机）、W04-M01G（摄像机结构细节）、T01-N01D1B（视频传输）与P81-A50C（用于查看附近或近距离物体的光学系统功能）。而S03-E04F2（缺陷检测）、T03-B01D1（碟片型记录载体）、S03-E04X（比色皿；成像和其他光学研究）、T03-N01（碟片类型记录仪）和S02-A03B3（测量变形、深度或轮廓的装置）则是近几年不大关注的领域。见表6-4-4。

表6-4-4　Basler AG集团近3年（2018—2020年）技术主题词（TOP5）

序号	近3年首次使用的主题词	代码含义	近3年不再出现的主题词	代码含义
1	S02-B01[3]	测量视线距离；光学测距仪	S03-E04F2[11]	（光学）缺陷检测
2	W04-M01[2]	摄像机	T03-B01D1[5]	碟片型记录载体
3	W04-M01G[2]	摄像机结构细节	S03-E04X[5]	比色皿；成像和其他光学研究
4	T01-N01D1B[2]	视频传输	T03-N01[4]	碟片类型记录仪
5	P81-A50C[2]	用于查看附近或近距离物体的光学系统功能	S02-A03B3[3]	测量变形、深度或轮廓的装置

五、德国 MVTec 公司

1.企业概况

德国MVTec Software Gmb H是一家全球领先的机器视觉软件制造商，其产品可用于所有要求苛刻的成像领域，如半导体行业、表面检测、自动化光学检测系统、质量控制、计量、医学或监控。值得一提的是，MVTec公司的软件可以在工业物联网环境中，通过使用3D视觉、深度学习和嵌入式视觉等现代技术，实现新的自动化解决方案。

MVTec公司成立于1996年11月，其产品包括Halcon、Merlic、嵌入式视觉、深度学习工具、MVTEC接口、标定板等，其中Halcon、Merlic及Halcon的集成开发环境（IDE）HDevelop是MVTec公司机器视觉专有技术的拳头产品。此外，MVTec公司还为机器视觉构建定制的软件解决方案，从咨询、研究、原型到集成产品皆有涵盖，其软件解决方案可以基于标准PC或嵌入式硬件（例如基于Arm®的系统）。MVTec公司的团队在处理3D、红外、高光谱和X射线图像等不同类型的图像方面具有出色的表现。

2.企业专利申请趋势分析

图6-5-1是MVTec公司在机器视觉技术领域的全球专利申请趋势。MVTec公司在机器视觉领域的专利申请量较为低迷，横向对比而言，MVTec公司专利年申请量均值与申请总量均低于甚至大幅低于本章其他公司。

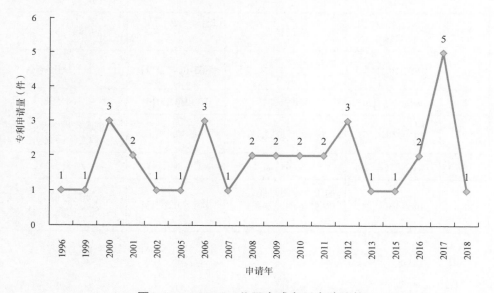

图6-5-1　MVTec公司全球专利申请趋势

由上图易见，MVTec公司自成立当年就在全球范围内对机器视觉技术开展持续性专利布局，但申请量一直都非常低。在2017年以前，MVTec公司专利申请量呈现低位稳定的趋势，一直在2件左右徘徊。2017年，MVTec公司专利申请量达到峰值（5件），这可能与该年发布的具有深度学习功能、多个三维点云的表面融合等功能的HALCONProgress17.12机器视觉软件产品有关。该年所申请的专利分布在图像分析（包括特征参数确定和场景分析）（2件）、做识别用途（包括字符和图像识别、OCR和对象识别）（1件）、声称的软件产品（1件）和基于对象的系统（1件）这4个技术方向。

3.企业核心专利分析

对MVTec公司所有机器视觉专利根据施引专利数高低排序，该公司排行前十的专利见表6-5-1。

表6-5-1　MVTec公司机器视觉领域核心专利（施引专利数TOP10）

公开号	公开日期	IPC-现版	施引专利数（次）
EP1256831A1	2002-11-13	G01C000308|G02B000728	21
EP1193642A1	2002-04-03	G06K000964	18
DE19941771A1	2001-03-15	B23Q001724|G01B001124	15
EP2048599A1	2009-04-15	G06K000962|G06K000968	14
KR924491B1	2009-11-03	H02S005010	11
EP1394727A1	2004-03-03	G06T000700|G06K000962|G06K000964	10
EP2385483A1	2011-11-09	G06K000900|G06K000964	10
EP1132863A1	2001-09-12	G06F000944|G06T000100	7
US20140086448A1	2014-03-27	G06K000962	7
WO2009047335A1	2009-04-16	G06K000946|G06K000962|G06T000700	7

由表6-5-1可见，MVTec公司机器视觉领域施引专利数最多的是公开号为EP1256831A1的专利，施引专利数21次，其DWPI标题为*Image range device calibration system to correct depth errors caused by different types of optical aberrations generated from depth in focus system*，IPC分类号为G01C3/08与G02B7/28，是"利用电辐射检测器的视距测量/光学测距仪"与"聚焦信号的自动发生系统"的技术分类。该专利发明了一种图像范围设备校准系统，用于校正焦距系统产生的不同类型光学像差引起的深度误差。

施引专利数排行第二的是公开号为EP1193642A1的专利，施引专利数18次，其DWPI标题为*User-defined model object recognition for controlling robot, involves determining model poses whose match metric is locally maximal and exceeds threshold value, based on which list of instances of model is generated*，IPC分类号为G06K9/64，是"应用带有许多基准的多个图像信号的同时比较或相关的数据识别"的技术分类。该专利发明了一种用于物体识别的系统和方法，基于生成的模型实例列表，确定匹配度量为局部最大值并超过阈值的模型姿势，作为控制机器人的用户定义模型对象识别的用途。

施引专利数排行第三的是公开号为DE19941771A1的专利，施引专利数15次，其DWPI标题为*Measuring single- or multi-blade cutting tools, locating tool to be measured in field of vision of camera in image processing system altering distances between camera and tool and processing readings on computer*，IPC分类号为B23Q17/24和G01B11/24，是"使用光学的机床上的指示或测量装置""以采用光学方法为特征，用于计量轮廓或曲率的计量设备"的技术分类。该专利发明了一种测量单刀片或多刀片刀具的方法，能够在图像处理系统的相机视野中定位待测刀具，改变相机与刀具之间的距离，并在计算机上处理读数。

4.企业关键技术分析

通过DI专利地图对MVTec公司机器视觉专利中的主题进行聚类分析如图6-5-2所示。由图可发现，Parameter Determination（参数确定）、Model（模型）、Reflectance（反射率）、Layer Transistor Line（层晶体管线）等主题是该企业较为关注的内容。

针对主题进行分析后，发现高频词如表6-5-2所示。

通过对主题的高频词分析后发现，Object Recognition（物体识别）在专利中出现次数最多，有9件；Pose（姿势）、Application（应用）和Model（模型）以8件专利并列第二；排行第五的是Vision System（视觉系统），出现了7次。

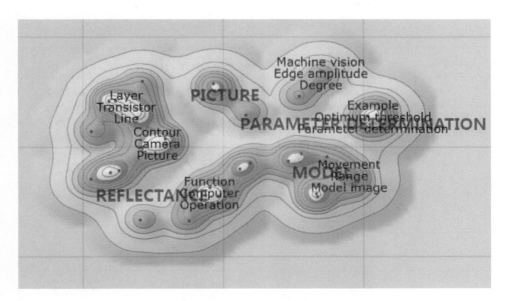

图6-5-2 MVTec公司技术热点领域分布图

表6-5-2 MVTec公司机器视觉专利高频词

关键词	专利量（次）	中文释义
Object Recognition	9	物体识别
Pose	8	姿势
Application	8	应用
Model	8	模型
Vision System	7	视觉系统

5.主要发明人和团队分析

MVTec公司的机器视觉专利发明申请量排行前十的主要发明人、其主要合作者（排行前三的合作者）及其活跃时间区间如表6-5-3所示。依据各发明人发明专利的记录数量，绘制柱状图如图6-5-3所示。

表6-5-3　MVTec公司集团机器视觉专利主要发明人（TOP10）

记录数量	个人	排名前三的合作者（个人）	时间区间
7	Steger Carsten	Ulrich Markus[4]	2001—2017年
6	Ulrich Markus	Steger Carsten[4]	2002—2017年
5	Kwon Ki Sun	Song Jong Hyun[4]	2009—2017年
4	Song Jong Hyun	Kwon Ki Sun[4]	2015—2017年
3	Chi Sun Hwang	Hakyun Lee[3]; Jae Eun Pi[2]	2016—2018年
3	Hakyun Lee	Chi Sun Hwang[3]; Jae Eun Pi[2]	2016—2018年
3	Jae Eun Pi	Chi Sun Hwang[2]; Hakyun Lee[2]	2016—2017年
3	Vaidya Nitin Madhuaudan	None	2012—2013年
3	Williams Thomas D.	None	2011—2013年
2	Blahusch Gerhard Dr.	None	2000—2001年

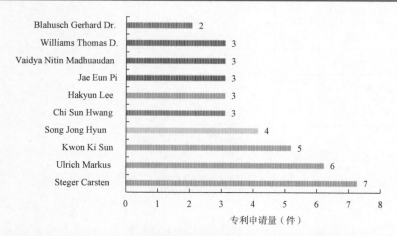

图6-5-3　MVTec公司机器视觉专利主要发明人专利申请量（TOP10）

由表6-5-3与图6-5-3易见，MVTec公司在机器视觉领域的主要发明人形成了明显的发明人团队，并且发明人可以大致划为2档。第一层次的发明人是Steger Carsten、Ulrich Markus、Kwon Ki Sun和Song Jong Hyun，分别以7件、6件、5件、4件的专利申请量排行前四，并且两两形成了合作紧密的发明人团队。团队一是Steger Carsten与Ulrich Markus组成的发明人团队，二人互为对方最紧密的合作者，并且与对方合作研发的机器视觉领域专利分别占自身机器视觉领域专利成果的57.14%与66.67%，合作程度高，研发实力强；团队二是Kwon Ki Sun和Song Jong Hyun组成的发明人团队，二人同样互为对方最紧密的合作者，并且与对方合作研发的机器视觉领域专利分别占自身机器视觉专利成果的80%与100%，是MVTec公司内合作程度最高的发明人团队。第二层次的发明人是Chi Sun Hwang、Hakyun Lee、Jae Eun Pi、Vaidya Nitin Madhuaudan、Williams Thomas D.和Blahusch Gerhard Dr.，专利申请量为2或3件。其中，Chi Sun Hwang、Hakyun Lee和Jae Eun Pi也组成了合作密切的发明人团队，团队成员互为对方最紧密的合作者。

对MVTec公司所有机器视觉专利发明人，按"已出现的人""新出现的人"分类，以申请年为x轴、以发明人数量为y轴，绘制反映MVTec公司发明人发展趋势的柱状图如图6-5-4所示。

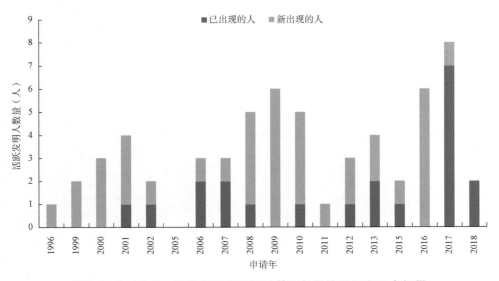

图6-5-4 MVTec公司机器视觉领域基于年份的活跃发明人数量

由图6-5-4易得，MVTec公司在机器视觉领域，持续有新发明人出现，并且在2017年以前，新加入的发明人占据MVTec公司每年活跃发明人的主流，历年"新出现的人"在当年所有发明人中占比的平均值为74.56%，发明人变动快，人才流动性大。2017年以后，"已出现的人"占据MVTec公司当年活跃发明人的主流，发明人出现稳定趋势。

6.近3年技术趋势分析

对近3年（2016—2018年）的技术主题（以德温特手工代码聚类）分析发现，MVTec公司近3年最关注的领域为T01-J10B3A（对象放大、缩小和旋转）、U12-A01A1E（有机材料 LED）、U12-A01A7（发光二极管显示器）、J04-C（测试、控制和取样，工业和实验室）和P84-A05A（使用光、红外线或紫外线波）。而T04-D04（包括光学字符识别和指纹识别在内的识别）、T01-E01（排序、选择、合并或比较数据）、T01-J15X（用于非电子应用的CAD）、T01-J07B（制造/工业机器的计算机控制和质量控制）和T01-J04E（用于数学建模的数据处理系统）则是近几年不大关注的领域。见表6-5-4。

表6-5-4　MVTec公司近3年（2016—2018年）技术主题词（TOP5）

序号	近3年首次使用的主题词	代码含义	近3年不再出现的主题词	代码含义
1	T01-J10B3A[2]	对象放大、缩小和旋转	T04-D04[7]	包括OCR（光学字符识别）和指纹识别在内的识别
2	U12-A01A1E[2]	有机材料LED	T01-E01[6]	排序、选择、合并或比较数据
3	U12-A01A7[2]	发光二极管显示器	T01-J15X[2]	用于非电子应用的CAD
4	J04-C[1]	测试、控制和取样，工业和实验室	T01-J07B[2]	制造/工业机器的计算机控制和质量控制（QC）
5	P84-A05A[1]	使用光、红外线或紫外线波	T01-J04E[2]	用于数学建模的数据处理系统

六、日本CCS株式会社

1.企业概况

日本CCS株式会社（英文名CCS Inc.）是知名的视觉成像设备制造商，是LED光源领域的领导者。该公司认为，在机器视觉领域，稳定的成像主要是依靠于光线，于是将精力集中到LED光源上，公司产品主要集中在开发、制造和销售用于图像处理等的LED照明和控制设备等内容。

CCS株式会社成立于1993年。1994年研发并发布超亮LED平面照明设备（LFL系列）和超高亮LED环形照明设备（原LDR系列）；1995年开发LED白光照明设备；2001年，研发并发布超高亮LED聚光灯（HLV系列）；2002年，开发新的散热结构并发布散热对策照明（LDR2系列）；2005年，CCS株式会社发布用于线传感器相机的"HLND系列"LED照明；2007年，CCS株式会社发布高亮度均匀漫射LED照明"High Power Light"；2008年，CCS株式会社开设新研究所"光学技术研究所"；2013年CCS株式会社研发并发布UV-LED照射器"HLUV系列"，进入UV固化照射器市场。2018年，CCS株式会社成为Optex Group Co., Ltd的全资子公司。

CCS株式会社总部位于日本京都，资本金4.6215亿日元。2020年，CCS株式会社销售额达86.84亿日元，利润额达6.55亿日元。CCS 株式会社在日本关东、关西等地设立了多个研究所与营业所，包括东京营业所、东京 AI实验室、西部营业所、京都本部设计团队、京都 AI 实验室、光技术研究所、京都技术生产中心、名古屋营业所设计团队、横滨设计团队、仙台营业所设计团队、熊本设计团队等 20 多家；并在欧洲、亚洲和北美设有多个分支机构（海外子公司、营业所和设计团队），如英国剑桥，比利时布鲁塞尔，德国科隆，法国巴黎，中国的上海、深圳、台北，泰国曼谷，马来西亚槟城，新加坡，美国波士顿等。截至2021 年 6月，CCS 株式会社拥有员工 368 名。

2.企业专利申请趋势分析

日本CCS株式会社在机器视觉技术领域的全球专利申请趋势如图6-6-1所示。

由图6-6-1可以看到，日本CCS株式会社在20世纪90年代就开始在全球范围内对机器视觉技术进行了持续的专利布局，但申请量一直保持在较低的水平。2000—2003年，CCS株式会社在机器视觉领域的专利申请量呈现出快速增长的趋势，但这一增长期并未维持很长时间，2004年的专利申请量出现大幅下跌，并在2005年跌至谷底。2006—2009年，CCS株式会社专利申请量波动上涨，并于2010年迅速抬升至峰值（17件），该年申请的专利主要集中在发光二

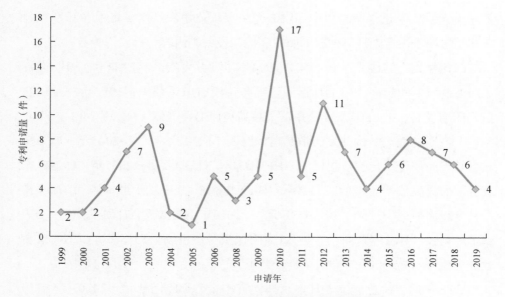

图6-6-1　日本CCS株式会社全球专利申请趋势

极管/电路（10件）、与灯本身相关的冷却装置（4件）与LED封装结构（4件）等领域。2011年，CCS株式会社专利申请量断崖式下跌，跌幅超过70%。2011年以后，CCS株式会社的专利申请量有所回升，但未再次达到2010年的水平。

3.企业核心专利分析

对CCS株式会社所有机器视觉专利根据施引专利数高低排序，该公司排行前十的专利见表6-6-1。

CCS株式会社机器视觉领域核心专利（施引专利数TOP10）

公开号	公开日期	IPC-现版	施引专利数（次）
US20030147254A1	2003-08-07	F21V000800 | G01B001100 | G01N002188 | G02B000642 | G02B000604	171
US20030005626A1	2003-01-09	A01G000700 | A01G000100 | A01G000916 | A01G000924 | A01G000926	163
EP1411750A2	2004-04-21	H05B003308	72

续表

公开号	公开日期	IPC-现版	施引专利数（次）
US20030058631A1	2003-03-27	G01N002184 | F21V000800 | G01N002188 | H04N0005225 | H04N0005238 | F21Y010102 | G02B000600	63
US20110141672A1	2011-06-16	H05K000700 | A47B009600 | E05D001104 | F16M001300	49
WO2010123059A1	2010-10-28	H01L003350	44
WO2011074424A1	2011-06-23	F21S000200 | F21V002900 | F21Y010102	40
US20030189831A1	2003-10-09	F21K009900 | F21V001501 | G01N002188 | H05K000118 | H05K000300	28
WO2001062070A1	2001-08-30	A01G000704	25
WO2001098706A1	2001-12-27	F21S000200 | F21S000804 | F21V000500 | F21V000504 | F21V001100 | F21V001400 | G02B001900 | G02B002108 | G02B002700 | F21W013140 | F21Y010102	23

　　由表6-2-1可见，CCS株式会社机器视觉领域施引专利数最多的是公开号为US20030147254A1的专利，施引专利数171次，其DWPI标题为*Light radiation device for testing semiconductor chip, has lens mounted on optical fibers in one-to-one correspondence and closer to light transmission end of optical fibers*，IPC分类号为F21V8/00、G01B11/00、G01N21/88、G02B6/42和G02B6/04，是"光导的使用，例如，照明装置或系统中的光导纤维装置""以采用光学方法为特征的计量设备""利用光学手段测试瑕疵、缺陷或污点的存在""光波导与光电元件的耦合"的技术分类。该专利发明了一种用于测试半导体芯片的光辐射装置，用于将光照射到辐射对象部位，对半导体芯片的外观、损坏进行测试。

　　施引专利数排行第二的是公开号为US20030005626A1的专利，施引专利数163次，其DWPI标题为*Plant cultivator in greenhouse, controls heater or cooling units in response to temperature, humidity and carbon dioxide gas* concentration around plants，IPC分类号为A01G7/00、A01G1/00（2016版分类号，现已撤销）、A01G9/16、A01G9/24和A01G9/26，是"一般植物学""可拆卸或可移动温室""温室、促成温床或类似物等用的加热、通风、调温或浇水装置""电力装置"的技术分类。该专利发明了一种提供使用LED作为光源及其控制系统来研究植物最佳栽培环境的植物栽培器，通过生长检测传感器等探知植物生长状态，做出相应调整。

施引专利数排行第三的是公开号为EP1411750A2的专利，施引专利数72次，其DWPI标题为Electric power supply system for LED unit, has constant current controller to supply control current to LED, based on resistance of resistor measured by type identification unit，IPC分类号为H05B33/08，是"用于操作电致发光光源的电路装置"的技术分类。该专利发明了一种LED单元的供电系统，基于类型识别单元测量的电阻器的电阻，通过恒流控制器控制LED的电流，用于各种光学缺陷检查或对准标记读取的LED单元中。

4.企业关键技术分析

通过DI专利地图对CCS株式会社机器视觉专利中的主题进行聚类分析如图6-6-2所示。由图可发现，Fiber Bundle（纤维束）、Surface Of The Light Guide Plate（导光板表面）、Line Light Irradiation Apparatus（线光照射装置）等主题是该企业较为关注的内容。

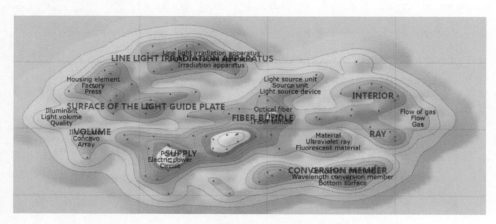

图6-6-2　CCS株式会社技术热点领域分布图

针对主题进行分析后，发现高频词如表6-2-2所示。

表6-6-2　CCS株式会社机器视觉专利高频词

关键词	专利量（件）	中文释义
Line	14	线路
Connected	14	连接的
Light Irradiation Device	12	光照射装置
Light Irradiation Apparatus	9	光照射仪
End Surface	9	端面

通过对主题的高频词分析后发现，在专利中Line（线路）和Connected（连接的）出现次数最多，有14件；Light Irradiation Device（光照射装置）次之，有12件；Light Irradiation Apparatus（光照射仪）和End Surface（端面）出现了9次。

5.主要发明人和团队分析

CCS株式会社的机器视觉专利发明申请量排行前十的主要发明人、其主要合作者（排行前三的合作者）及其活跃时间区间如表6-6-3所示。依据各发明人发明专利的记录数量，绘制柱状图如图6-6-3所示。

表6-6-3　CCS株式会社机器视觉专利主要发明人（TOP10）

记录数量	个人	排名前三的合作者（个人）	时间区间
46	Yoneda Kenji	Masumura Shigeki[4]; SAITO Mitsuru[4]; Konishi Jun[3]	1999—2012年
8	MIURA Kenji	Yoneda Kenji[2]; SUZUKI Ryoko[2]	2005—2012年
8	TANAKA Yuichiro	None	2010—2017年
8	YAGI Motonao	None	2015—2018年
7	Masumura Shigeki	Yoneda Kenji[4]	2002—2012年

续表

7	TOGAWA Takuzo	Yoneda Kenji[2]	2006—2019年
6	ISOTANI Masayuki	USAMI Jun[2]; DOHI Kazuhiko[2]; MIYASAKA Shin[2]; MIYASHITA Takeshi[2]	2009—2014年
6	SAITO Mitsuru	Yoneda Kenji[4]	2006—2013年
6	SAKURAI Kenji	None	2012—2019年
6	SUZUKI Hirokazu	Yoneda Kenji[2] Konishi Jun[2];	2010—2010年

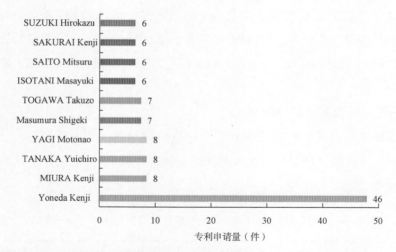

图6-6-3　CCS株式会社机器视觉专利主要发明人专利申请量（TOP10）

由图6-6-3易见，Yoneda Kenji以46件申请总量遥遥领先，一枝独秀，其余排行前十的发明人专利申请量大致分为8件档（3人）、7件档（2人）与6件档（4人），并未拉开差距。由表6-6-3可看出，CCS株式会社形成了以Yoneda Kenji为核心的发明人小团体，排行前10的发明人中有5位发明人最紧密的合作者均为Yoneda Kenji，其中排行第五的Masumura Shigeki与排行第八的Saito Mitsuru与Yoneda Kenji的联系更为密切，二人与Yoneda Kenji的合作均达到4次，是其余人与Yoneda Kenji合作次数的2倍。

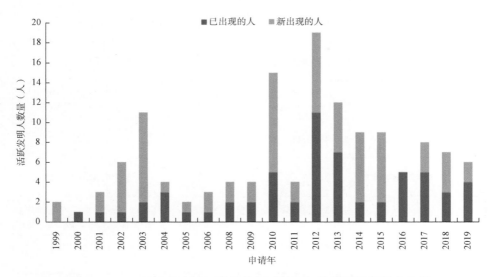

图6-6-4　CCS株式会社机器视觉领域基于年份的活跃发明人数量

由图6-6-4易得，2013年以前，CCS株式会社活跃发明人数量总体呈波动上涨趋势，数量峰值出现在2012年（19人），该年也是已出现发明人数量最多的年份。2013年CCS株式会社活跃发明人数量有所回落，并在之后呈阴跌趋势。CCS株式会社在机器视觉领域，持续有新发明人出现，且历年"新出现的人"占当年活跃发明人比例的平均值为52.87%，说明该公司在保持相对稳定的研发团队的基础上，不断吸纳新鲜人才，具备较好的研发活力。

6.近3年技术趋势分析

对近3年（2017—2019年）的技术主题（以德温特手工代码聚类）分析发现，CCS株式会社近3年最关注的领域为P82-A15A（辅助摄影系统/操作类目下的照明场景）、U12-A01A1E（有机材料LED）、X22-X06（与发动机无关的测量/传感器）、S06-K03G（图像制作单元功能—电源）与S06-K07A（图像制作单元功能——一般控制系统）、X26-H（仅用作照明的发光二极管LED；电路）、S03-E04F1（通过光学探查检测污染或杂质）、U12-A01A5A（单个LED驱动电路）、A12-E11A（电致变色显示器，包括阴极射线管；光电二极管LED）、A12-E07C（半导体器件、集成电路；电阻器）则是近几年不大关注的领域。见表6-6-4。

表6-6-4　CCS株式会社近3年（2017—2019年）技术主题词（TOP5）

序号	近3年首次使用的主题词	代码含义	近3年不再出现的主题词	代码含义
1	P82-A15A[4]	辅助摄影系统/操作——照明场景	X26-H[29]	（仅用作照明的）发光二极管LED；电路
2	U12-A01A1E[4]	有机材料LED	S03-E04F1[6]	（通过光学探查）检测污染或杂质
3	X22-X06[2]	与发动机无关的测量/传感器	U12-A01A5A[6]	单个LED驱动电路
4	S06-K03G[2]	图像制作单元功能——电源	A12-E11A[5]	电致变色显示器，包括阴极射线管；光电二极管(LED)
5	S06-K07A[2]	图像制作单元功能——一般控制系统	A12-E07C[5]	半导体器件、集成电路；电阻器

第七章

国内机器视觉技术领先企业分析

一、腾讯科技（深圳）有限公司

1.企业概况

腾讯科技（深圳）有限公司成立于2000年2月24日，总部位于广东省深圳市南山区，属软件和信息技术服务业行业。腾讯科技是中国最大的互联网综合服务提供商之一，也是中国服务用户最多的互联网企业之一。2016年，腾讯科技专门成立了人工智能研究实验室Tencent AI Lab，基础研究方向包括计算机视觉、语音识别、自然语言处理和机器学习，应用探索方向包括内容、游戏、社交和平台工具型AI。其中，对计算机视觉的研发涵盖图像和视频编辑、模式匹配、生成、分析和理解、对象检测、追踪和识别、光学字符识别、3D视觉、同步定位，以及映射和基于视觉的强化学习。2019年，腾讯科技获中国人工智能企业知识产权竞争力百强榜排名第2位。

2.企业专利申请趋势分析

对腾讯科技（深圳）有限公司所有机器视觉专利以申请年与申请量为x轴与y轴制图，得其在机器视觉技术领域的全球专利申请趋势如图7-1-1所示。

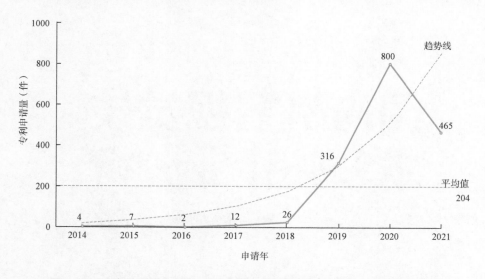

图7-1-1　腾讯科技（深圳）有限公司机器视觉领域全球专利申请趋势

参见图7-1-1，腾讯科技（深圳）有限公司2014年开始提出机器视觉领域的专利申请，但年申请量一直维持在个位数，直到2017年才达到12件。然而，到了2019年，腾讯科技（深圳）有限公司年申请量迅速增长到316件，是2018年26件申请量的12倍，爆发性强。2020年，腾讯科技（深圳）有限公司机器视觉领域专利申请量更是攀升到了800件，同比增长153.16%，增长势头旺盛。近年来，机器视觉等人工智能技术在我国发展得如火如荼，腾讯科技（深圳）有限公司专利申请量的爆发说明了该企业紧跟着这次科技浪潮，甚至是引领着科技浪潮的发展。从发展趋势看，其申请量在未来应该还会进一步增加。

3.企业核心专利分析

对腾讯科技（深圳）有限公司所有机器视觉专利根据施引专利数高低排序，该公司排行前十的专利见表7-1-1。

表7-1-1　腾讯科技（深圳）有限公司机器视觉领域核心专利（施引专利数TOP10）

公开号	公开日期	IPC-现版	施引专利数（次）
US20180224863A1	2018-08-09	G05D000102|G01C002118|G06K000900|G06T000711|G06T000773	41
CN107018336A	2017-08-04	H04N0005265|G06F000301|H04N001302	17
CN104732585A	2015-06-24	G06T001700|G06T001920	14
CN110797124A	2020-02-14	G16H005070|G06Q001006	12
CN110554047A	2019-12-10	G01N002188|G01N002101|G06K000962|G06N000308	11
CN107169463A	2017-09-15	G06K000900	11
CN110781347A	2020-02-11	G06F001675|G06F0016783|G06F0040289	11
CN110364008A	2019-10-22	G08G00010967	11
CN109285215A	2019-01-29	G06T001700	10
CN104954631A	2015-09-30	H04N000514|G06T000700	9

由表7-1-1可见，腾讯科技（深圳）有限公司机器视觉领域施引专利数最多的是公开号为US20180224863A1的专利，施引专利数41次，其DWPI标题为 *Method for performing data processing of terminal, involves including target road traffic mark with lane mark and road mark, and performing cloud point inertial navigation operation based on two-dimensional measurable streetscape image*，IPC分类号为G05D1/02、G01C21/18、G06K9/00、G06T7/11和G06T7/73，是"二维的位置或航道控制""稳定的平台，例如应用陀螺仪（导航）""用于阅读或识别印刷或书写字符或者用于识别图形，例如，指纹的方法或装置"的技术分类和"图像分析"技术分类所属的下位类"区域分割""使用基于特征的方法"的技术分类。该专利发明了一种终端进行数据处理的方法，该方法将一套计算系统附接到沿道路行驶的移动车辆，在该计算系统运动时收集道路数据，收集的数据包括二维街道景观图像、三维点云和惯性导航数据，并可对所述二维街景图像进行区域分割，实现基于所述二维街道景观图像及所述三维点云和所述惯性导航数据的空间位置关系提取地面区域图像等功能。

施引专利数第二的是公开号为CN107018336A的专利，施引专利数17次，其DWPI标题为*Video image processing method, involves providing display image with spherical panoramic image, including display image with first and second region, obtaining background image in first region, and obtaining target image in second region*，IPC分类号H04N5/265、G06F3/01和H04N13/02，是"（电视系统的零部件）混合""用于用户和计算机之间交互的输入装置或输入和输出组合装置""图像信号发生器"的技术分类。该专利发明了一种图像处理的方法和装置、视频处理的方法和装置及虚拟现实装置，该图像处理的方法包括：获取背景图像，该背景图像为球形全景图像或立方体全景图像；获取目标图像，该目标图像为非全景图像；对该目标图像和该背景图像进行合成处理，以生成待播放图像，该待播放图像为球形全景图像或立方体全景图像，且该待播放图像包括第一区域和第二区域，该第一区域包括根据该背景图像获得的像素，该第二区域包括根据该目标图像获得的像素，从而能够降低虚拟现实设备在播放虚拟影院图像时的处理负担。

施引专利数排名第三的是公开号为CN104732585A的专利，施引专利数14次，其DWPI标题为*Human body-type reconstitution method, involves capturing virtual image by using three-dimensional module, and converting target image*

in to virtual image by using conversion module，IPC分类号为G06T17/00和
G06T19/20，是"用于计算机制图的3D建模"和"3D图像的编辑，例如，改
变形状或颜色，排列物体或定位部件"的技术分类。该专利公开了一种人体
体型重构的方法及装置，用于实现用户的虚拟形象定制，该方法包括：接收
体感传感器采集得到的用户深度图像信息，将所述用户深度图像信息转换为
三维人体模型；获取虚拟形象的三维模板模型；将所述三维模板模型进行拉
伸转换，所述拉伸转换的目标为与所述三维人体模型具有相同的体型，将转
换后的三维模板模型作为用户的虚拟形象。

4.企业关键技术分析

对腾讯科技（深圳）有限公司机器视觉专利的IPC技术领域进行统计，
结果如图7-1-2所示。由图可发现，该企业在机器视觉领域的技术主要集中
在G06K9/62、G06K9/00、G06N3/04与G06N3/08这4个技术领域。其中，在
G06K9/62（应用电子设备进行识别的方法或装置）领域共计595件专利，占
总量的36.44%；在G06K9/00（用于阅读或识别印刷或书写字符或者用于识别
图形，例如，指纹的方法或装置）领域共计513件专利，占总量的31.41%；
在G06N3/04（体系结构，例如，互连拓扑）领域共计408件专利，占总量的
24.98%；在G06N3/08（学习方法）领域共计355件专利，占总量的21.74%。

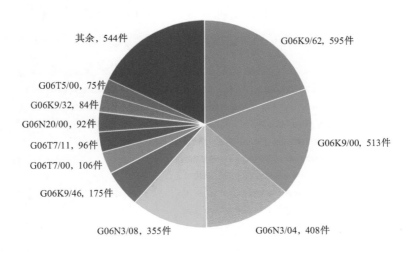

图7-1-2　腾讯科技（深圳）有限公司机器视觉技术构成分布

通过INCOPAT对该公司机器视觉专利进一步开展主题聚类分析，主题聚类图如图7-1-3所示。由图可见，图像分割方法（383件）、增强现实（357件）、人体三维模型（337件）、图像分类方法（293件）、数据测量方法（190件）是腾讯科技（深圳）有限公司机器视觉技术领域关注的内容。

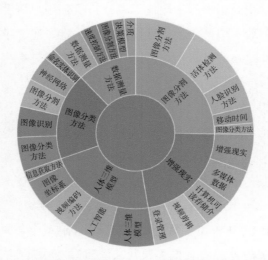

图7-1-3　腾讯科技（深圳）有限公司机器视觉技术主题聚类图

5.主要发明人分析

腾讯科技（深圳）有限公司机器视觉专利申请量排行前十的主要发明人、其涉足的技术领域及专利价值度如图7-1-4、图7-1-5、图7-1-6所示。

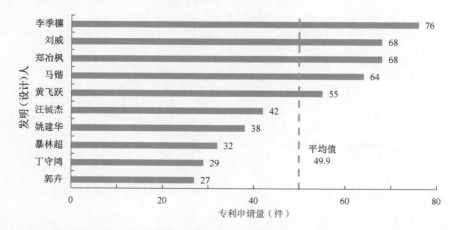

图7-1-4　腾讯科技（深圳）有限公司机器视觉主要发明（设计）人专利申请量（TOP10）

图7-1-5　腾讯科技（深圳）有限公司机器视觉主要发明（设计）人技术构成

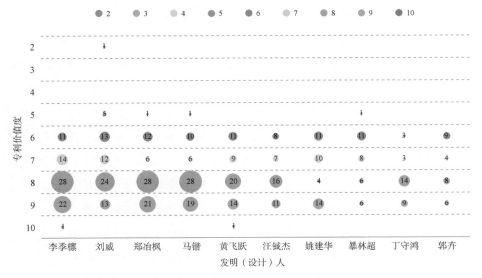

图7-1-6　腾讯科技（深圳）有限公司机器视觉主要发明人（设计）专利价值（TOP10）

由图7-1-4可见，该公司前十发明人专利申请量从27件到76件，平均为49.9件。申请量超过前十发明人专利申请量平均值的有李季檩、刘威、郑冶枫、马锴和黄飞跃5人。结合图7-1-5和图7-1-6可知，李季檩以76件的专利申请量独占鳌头，且是该公司唯一超过70量级的发明人，稳坐腾讯科技机器视觉领域专利主要发明人的头把交椅。李季檩研发范围广，在公司主要发明人专利申请排行前十的机器视觉技术领域均有涉猎，但其研发方向主要集中在G06K9/00（用于阅读或识别印刷或书写字符或者用于识别图形，例如，指纹的方法或装置）技术领域和G06K9/62（应用电子设备进行识别的方法或装置）技术领域，在这两个领域内的专利申请数量明显高于其他技术领域，分别占该发明人发明的所有机器视觉专利的72.37%和61.84%。李季檩所发明的机器视觉相关专利的价值度[①]均不小于6且多集中在价值度8～9，不小于价值度8的专利占其发明的所有机器视觉专利的67.11%。李季檩专利总量多、涉猎范围广、专精程度高，质量好、价值大、重要性强，是腾讯科技（深圳）有限公司机器视觉领域当之无愧的领军发明人。

刘威和郑冶枫以68件专利申请量并列第二。刘威在机器视觉领域的主要研发方向为G06K9/62（应用电子设备进行识别的方法或装置）、G06K9/00（用于阅读或识别印刷或书写字符或者用于识别图形，例如，指纹的方法或装置）、G06N3/04（体系结构，例如，互连拓扑）技术领域，且归属于这3个领域的专利数量相差不大，同属一个量级。刘威发明的机器视觉专利，价值度跨越范围较大，最小价值度为2，区间中落在价值度8的专利最多，不小于价值度8的专利占其发明的所有机器视觉专利的54.41%。刘威专利数量较多，所发明专利的技术领域交叉融合性较好，专利总体质量较好。郑冶枫在机器视觉领域的主要研发侧重点是G06K9/62（应用电子设备进行识别的方法或装置）技术领域，该发明人在此技术领域内申请的专利占他发明的所有机器视觉专利的66.18%。郑冶枫所发明的机器视觉专利的价值度分布在5～9，主要集中在价值度8～9，价值度不小于8的专利占该发明人申请的所有机器视觉专利的72.06%。郑冶枫专利数量较多，深耕技术领域明确，专利质量好。

排行第四和第五的是马锴和黄飞跃，其专利申请量分别为64件与55件。马锴与黄飞跃在机器视觉领域的主要研发侧重点同为G06K9/62（应用电子设备进行识别的方法或装置）技术领域，二位发明人在此技术领域内申请的专

---

① Incopat 对专利价值展开评估，对专利进行价值度赋值，价值度最高的赋值为 10，依次递减。

利占其发明的所有机器视觉专利的比重分别为65.63%和76.36%。马锴与黄飞跃发明的机器视觉专利价值度均主要集中在价值度8～9，价值度不小于8的专利分别占二者申请的所有机器视觉专利的73.44%与63.64%。马锴与黄飞跃专利申请量较多，深耕技术领域明确，专利质量好。值得一提的是，黄飞跃是除李季檁之外，公司内唯一发明了价值度为10的机器视觉专利的发明人。

6.企业技术申请趋势分析

图7-1-7、图7-1-8是腾讯科技（深圳）有限公司机器视觉技术专利申请趋势和技术功效趋势情况。

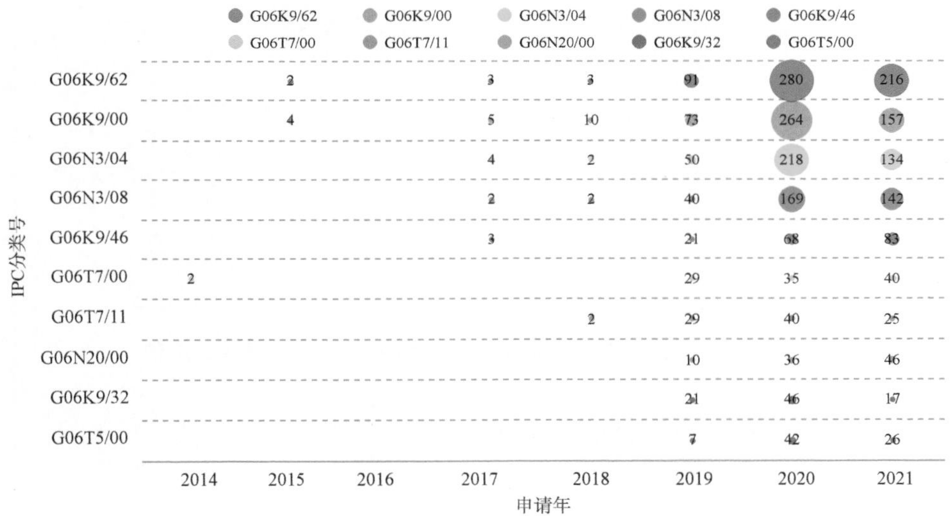

图例：● G06K9/62　● G06K9/00　● G06N3/04　● G06N3/08　● G06K9/46　● G06T7/00　● G06T7/11　● G06N20/00　● G06K9/32　● G06T5/00

IPC分类号	2014	2015	2016	2017	2018	2019	2020	2021
G06K9/62		2		3	3	91	280	216
G06K9/00		4		5	10	75	264	157
G06N3/04			4	2		50	218	134
G06N3/08				2	2	40	169	142
G06K9/46				3		24	68	83
G06T7/00	2					29	35	40
G06T7/11					2	29	40	25
G06N20/00						10	36	46
G06K9/32						24	46	47
G06T5/00						7	42	26

（横轴：申请年）

图7-1-7　腾讯科技（深圳）有限公司机器视觉技术申请趋势

从图7-1-7可以看出，腾讯科技（深圳）有限公司在2014年从G06T7/00（图像分析）技术领域开始机器视觉专利研发，在5年的探索后，于2019年迎来多细分技术领域的专利成果开花，并在2020年实现了以G06K9/62（应用电子设备进行识别的方法或装置）领域为龙头的爆发性专利增长。近3年，腾讯科技（深圳）有限公司专利技术申请的热点集中在G06K9/62（应用电子设备进行识别的方法或装置）、G06K09/00（用于阅读或识别印刷或书写字符或者用于识别图形，例如，指纹的方法或装置）、G06N3/04（体系结构，例如，互连拓扑）与G06N3/08（学习方法）这4个技术领域。结合图7-1-8可得，对上述4个技术领域的"准确性提高"研发，是腾讯科技（深圳）有限公司最关注的技术功效赛道。

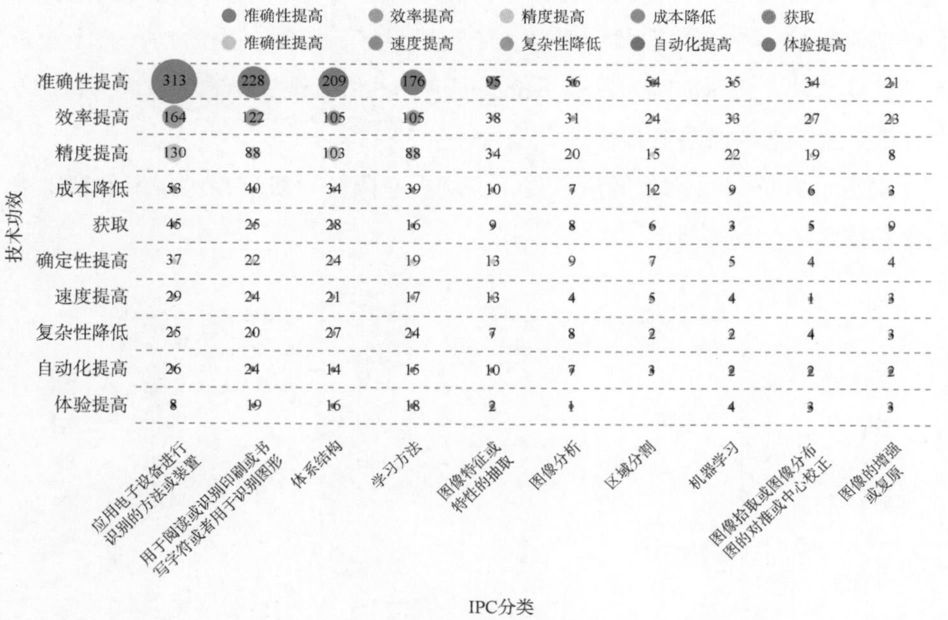

图例：● 准确性提高　● 效率提高　● 精度提高　● 成本降低　● 获取
　　　● 准确性提高　● 速度提高　● 复杂性降低　● 自动化提高　● 体验提高

技术功效 \ IPC分类	应用电子设备进行识别的方法或装置	用于阅读或识别印刷或书写字符或者用于识别图形	体系结构	学习方法	图像特征或特性的抽取	图像分析	区域分割	机器学习	图像拾取或图像分布/图的对准或中心校正	图像的增强或复原
准确性提高	313	228	209	176	95	56	54	35	34	21
效率提高	164	122	105	105	38	34	24	38	27	23
精度提高	130	88	103	88	34	20	15	22	19	8
成本降低	58	40	34	39	10	7	12	9	5	5
获取	46	26	28	16	9	8	6	6	5	9
确定性提高	37	22	24	19	13	9	7	5	4	4
速度提高	29	24	21	17	14	8	5	4	3	2
复杂性降低	25	20	27	24	7	7	4	4	3	2
自动化提高	26	24	14	16	10	7	4	3	2	2
体验提高	8	19	16	18	4	4		3	3	

IPC分类

图7-1-8　腾讯科技（深圳）有限公司机器视觉技术功效趋势

二、广东奥普特科技股份有限公司（OPT）

1.企业概况

广东奥普特科技股份有限公司（OPT®MachineVision，OPT）是中国规模最大的集研发、生产、销售为一体的机器视觉高新技术企业，其产品包括视觉系统、光源、工业相机、镜头、3D激光传感器、工业读码器等，产品广泛应用于3C电子、新能源（光伏、锂电）、包装、印刷、食品饮料、制药、汽车、机械制造等行业，为华为、富士康、比亚迪、宁德时代、OPPO/VIVO、京东方、特斯拉、中粮等世界500强企业提供机器视觉整套解决方案。OPT目前拥有员工2000人以上，其中研发及其他技术人员1460人以上。

OPT自2006年创立以来，一直快速稳步发展。2008年，OPT首次推出具备自动检测负载技术的光源控制器。2009年，OPT成为机器视觉成套成像解决方案供应商，首次被评为"国家高新技术企业"。2010年，OPT首次参加德国斯图加特机器视觉展。2011年，OPT产品全面升级，标准光源产品线扩大至25大系列。2012年，OPT推出具备自主知识产权的SciVision视觉开发包、SciSmart智能视觉软件，并推出防水光源。2014年，OPT成立镜头事业部，布局机器视觉镜头的研发与生产。2015年，OPT推出SCI-Q2视觉控制器和点、线、面多类型高能量的紫外固化光源，并与华南理工大学建立科研合作单位关系。2016年，OPT推出高亮线性光源LSS、出光口表面照度高达190万lux。2018年，OPT发布SCI-3视觉控制器，成立深圳研发中心。2019年，OPT荣获"2019年度国家知识产权优势企业"称号，获批"东莞市机器视觉工程技术研究中心"。2020年，OPT在上交所科创板上市，并获批"广东省奥普特机器视觉工程技术研究中心"。

2.企业专利申请趋势分析

对广东奥普特科技股份有限公司所有机器视觉专利以申请年与申请量为x轴与y轴制图，得其在机器视觉技术领域的全球专利申请趋势如图7-2-1所示。

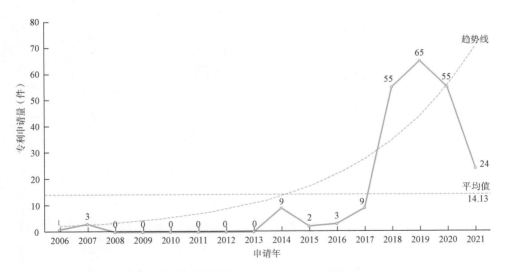

图7-2-1　广东奥普特科技股份有限公司机器视觉领域全球专利申请趋势

参见图7-2-1，广东奥普特科技股份有限公司自2006年成立之初就开始布局机器视觉领域的专利申请，但申请时断时续，且年申请量极低，至2017年期间，机器视觉专利年申请量都不超过10件。2018年，年申请量扶摇直上，激增至55件，同比增长511.11%。之后，年申请量持续高位震荡，2019年达65件，2020年达55件，这可能与该公司2018年成立深圳研发中心有关。从趋势线看，其申请量在未来应该还会进一步增加。

3.企业核心专利分析

对广东奥普特科技股份有限公司所有机器视觉专利根据施引专利数高低排序，该公司排行前十的专利见表7-2-1。

表7-2-1　广东奥普特科技股份有限公司机器视觉领域核心专利（施引专利数TOP10）

公开号	公开日期	IPC-现版	施引专利数（次）
CN200972533Y	2007-11-07	G02B002106	5
CN201145218Y	2008-11-05	F21V001300|F21V000500|F21V000700|F21Y011313|F21Y011510	4
CN109116517A	2019-01-01	G02B001300|G02B000702	4
CN110599539A	2019-12-20	G06T000766|G06T0007521	4
CN201184788Y	2009-01-21	G01C001104|G01C001136	4
CN204203539U	2015-03-11	G02B001300	4
CN201184923Y	2009-01-21	G02B000700|H04N0005225	3
CN108710195A	2018-10-26	G02B001300	3
CN108594401A	2018-09-28	G02B001300|G02B001306	2
CN104635607A	2015-05-20	G05B001905	2

由表7-2-1可见，广东奥普特科技股份有限公司机器视觉领域施引专利数最多的是公开号为CN200972533Y的专利，施引专利数5次，其DWPI标题为*Coaxial light source device for machine visual system, has LED circuit board provided in side of shell, diffusion board provided in front side of circuit board, and spectroscope provided in front side of diffusion board*，IPC分类号为G02B21/06，是"试样的照明装置"的技术分类。该实用新型专利公开了一种同轴光源装

置，能够扩大同轴光的应用范围，并在一定场合下节省整个机器视觉系统所占的空间，弥补了现有技术中一般的同轴光在一定场合不能使用的缺陷。

施引专利数并列第二的有5件专利，本节选取5件专利中自然排序靠前的2件介绍。其一是公开号为CN201145218Y的专利，施引专利数4次，其DWPI标题为*Multi-color coaxial LED light source for use in multiple machine vision detection field, has three spectroscopes correspondingly placed in front of three high power red, green and blue LEDs*，IPC分类号为F21V13/00、F21V5/00、F21V7/00、F21Y113/13和F21Y115/10，是"照明装置或其系统的功能特征或零部件；不包含在其他类目中的照明装置和其他物品的结构组合物"三级分类下，"借助于在大组F21V1/00至F21V11/00中的两个或更多个组中规定的元件的组合使发出的光产生特殊的性能和分布""光源的折射器""光源的反射器""由点状光源组成""发光二极管[LED]"的技术分类。该实用新型专利提供了一种用于检测的多颜色LED光源，该光源采用红、绿、蓝3种颜色的LED组成，通过调整电压来分别调节不同颜色LED的亮度，改变各光源所占的比例，调制出所需颜色的光源。光源经过多次反射，通过聚光镜就可以对不同颜色的零件进行检测，可以灵活应用于多种机器视觉检测场合。该光源体积小，安装方便，可以多LED任意组合，并且可以为相关镜头提供同轴照射方式。

其二是公开号为CN109116517A的专利，施引专利数4次，其DWPI标题为*High-magnification large-target high-resolution line scan machine vision lens, has optical system comprising lenses glued to form cemented lens group with negative refractive power and another lens group with negative refractive power*，IPC分类号为G02B13/00和G02B7/02，是"为下述用途专门设计的光学物镜"和"用于透镜（光学元件的安装、调整装置或不漏光连接）"的技术分类。该专利发明了一种高倍率大靶面高解析度线扫机器视觉镜头，具有高解析度、大靶面、高倍率、低畸变的特点，还能够匹配像元尺寸为10μm的大靶面相机，充分发挥相机的性能。

4.企业关键技术分析

对广东奥普特科技股份有限公司机器视觉专利的IPC技术领域进行统计，

结果如图7-2-2所示。由图可发现，该企业在机器视觉领域的技术主要集中在G02B13/00、F21Y115/10和G02B7/02技术领域。其中，在G02B13/00（为下述用途专门设计的光学物镜）技术领域共计91件专利，占总量的38.08%；在F21Y115/10（发光二极管[LED]）技术领域共计28件专利，占总量的11.72%；在G02B7/02（用于透镜）技术领域共计21件专利，占总量的8.79%。

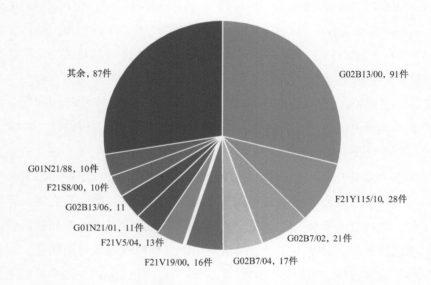

图7-2-2　广东奥普特科技股份有限公司机器视觉技术构成分布

通过INCOPAT对该公司机器视觉专利进一步开展主题聚类分析，发现主要类别如图7-2-3所示。由图可见，工业镜头（84件）、检测模组（59件）、光学模组（48件）、定焦镜头（17件）、全景拍摄（15件）是广东奥普特科技股份有限公司机器视觉技术较为关注的内容。

5.主要发明人分析

广东奥普特科技股份有限公司机器视觉专利申请量排行前十的主要发明人、其涉足的技术领域及专利价值度如图7-2-4、图7-2-5、图7-2-6所示。

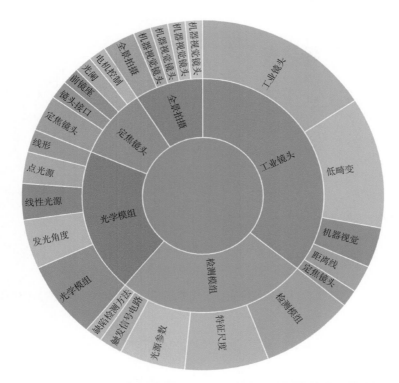

图7-2-3　广东奥普特科技股份有限公司机器视觉技术主题聚类图

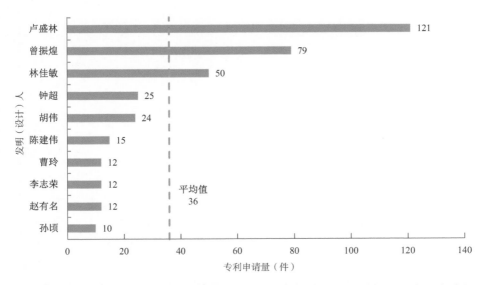

图7-2-4　广东奥普特科技股份有限公司机器视觉主要发明（设计）人专利申请量
（TOP10）

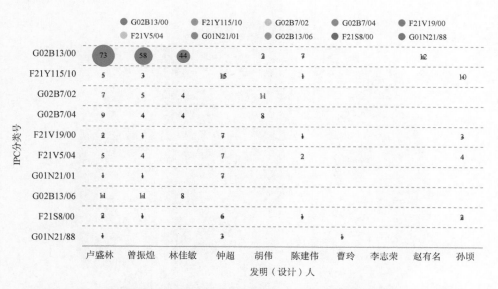

图7-2-5　广东奥普特科技股份有限公司机器视觉主要发明人专利技术构成
（TOP10）

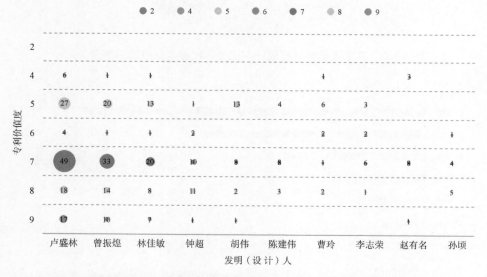

图7-2-6　广东奥普特科技股份有限公司机器视觉主要发明人专利价值（TOP10）

　　由图7-2-4可见，该公司前十发明人专利申请量从10件到121件，平均为36件。申请量超过前十发明人专利申请量平均值的有卢盛林、曾振煌和林佳敏3人，头部、腰部、尾部发明人之间拉开了较大差距。卢盛林以121件的专利申请量遥遥领先，且是该公司唯一专利申请量超过100件的发明人，专利成果丰硕。结合图7-2-5和图7-2-6可见，卢盛林在多个技术领域均有涉猎，但研发方向主要集中在G02B13/00（为下述用途专门设计的光学物镜）技术领域，该发明人在此技术领域内申请的专利占其发明的所有机器视觉专利的60.33%。卢盛林所发明的机器视觉相关专利的价值度评级在4～9，落在价值度7的专利数量最多，占该发明人发明的所有机器视觉专利的40.50%，而不小于价值度8的专利占比为28.93%。卢盛林专利总量多、专精程度较高、专利质量较好，是广东奥普特科技股份有限公司机器视觉领域的领军发明人。

曾振煌以79件专利申请量排行第二。曾振煌在多个机器视觉领域均有专利成果，但其主要研发方向同样以G02B13/00（为下述用途专门设计的光学物镜）技术领域为主，发明人在此技术领域内申请的专利占他发明的所有机器视觉专利的73.42%。曾振煌所发明的机器视觉相关专利的价值度评级在4～9，落在价值度7的专利数量最多，占该发明人发明的所有机器视觉专利的41.77%，而不小于价值度8的专利占比为30.38%。曾振煌专利总量较多、专精程度高、专利质量较好，属于广东奥普特科技股份有限公司机器视觉发明主力之一。

排行第三的是林佳敏，专利申请量50件。林佳敏在机器视觉领域主要以研发G02B13/00（为下述用途专门设计的光学物镜）技术领域为主，发明人在此技术领域内申请的专利占他发明的所有机器视觉专利的88%。林佳敏所发明的机器视觉相关专利的价值度评级在4～9，落在价值度7的专利数量最多，占该发明人发明的所有机器视觉专利的40%，而不小于价值度8的专利占比为30%。林佳敏专利总量较多、专精程度高、专利质量较好，是广东奥普特科技股份有限公司的主力发明人之一。

上述广东奥普特科技股份有限公司的发明人实力强劲，但由图7-2-6可看出，广东奥普特科技股份有限公司机器视觉主要发明人的专利价值度数值分布总体低于腾讯科技（深圳）有限公司，总体专利价值逊于腾讯科技。

6.企业技术申请趋势分析

图7-2-7、图7-2-8是广东奥普特科技股份有限公司机器视觉技术申请趋势和技术功效趋势情况。

图7-2-7　广东奥普特科技股份有限公司机器视觉技术申请趋势

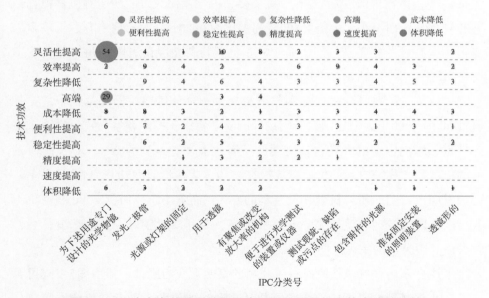

图7-2-8　广东奥普特科技股份有限公司机器视觉技术功效趋势

从图7-2-7中可以看出，广东奥普特科技股份有限公司在2018年以前保持着各技术领域分支零星布局的状态，2018年开始在机器视觉领域展开以G02B13/00（为下述用途专门设计的光学物镜）为首的多点布局，并实现了总体专利数量的大幅增长。近3年，广东奥普特科技股份有限公司机器视觉专利技术申请的热点集中在G02B13/00（为下述用途专门设计的光学物镜）技术领域，镜头是该公司机器视觉领域业务的重点发展模块。而在技术功效方面，由图7-2-8易得，在G02B13/00（为下述用途专门设计的光学物镜）技术领域开展"灵活性提高"与"高端"的技术功效研发，是广东奥普特科技股份有限公司选择的深耕赛道。

三、杭州海康威视数字技术股份有限公司

1.企业概况

杭州海康威视数字技术股份有限公司（简称海康威视）是以视频为核心的智能物联网解决方案和大数据服务提供商，业务聚焦于智能物联网、大数据服务和智慧业务，构建开放合作生态，为公共服务领域用户、企事业用户和中小企业用户提供服务，致力于构筑云边融合、物信融合、数智融合的智慧城市和数字化企业。2014年，海康威视成立机器视觉业务中心，推动人工智能技术落地应用，自主研发机器视觉和移动机器人软硬件。2015年，海康威视推出首款自研网口面阵相机。2016年，海康威视专门成立子公司杭州海康机器人技术有限公司，深耕机器视觉与移动机器人领域。该年，海康威视发布首款GigE口线阵相机，USB3.0口面阵相机、智能相机，并成为北美视觉系统协会AIA成员单位、欧洲机器视觉协会EMVA成员单位。2017年，海康威视推出首款高分辨率CCD相机，进军高分辨率领域；打破视觉算法软件依靠国外厂商供应的壁垒，发布VM算法平台；发布多款智能相机及读码器，加速AI算法落地。2018年，海康威视发布首款万兆网接口面阵相机与首款线激光立体相机。2019年，海康威视发布1.51亿面阵相机，领跑踏入超高分辨率工业相机领域；发布VM3.X算法平台，推出软硬件结合的整套解决方案；工业相机市场保有量达100万只。2020年，海康威视产品SC7000智能相机获颁CMVU机器视觉创新产品金奖，智能读码器ID2000/3000/5000以AI技术引领工业读码新风潮。杭州海康机器人技术有限公司作为杭州海康威视数字技术股份有限公司旗下机器视觉专研子公司，立志于成为机器视觉硬件和算法软件平台的提供商，在机器视觉方面的产品涵盖工业相机、智能相机、智能读码器、立

体相机、视觉控制器、视觉组件、镜头、光源等，广泛应用于电子、FPD/显示屏、物流、汽车制造、半导体/集成电路等行业。因杭州海康机器人技术有限公司是杭州海康威视数字技术股份有限公司旗下为研发机器视觉技术专门成立的子公司，故本节数据是上述两个公司的合并检索结果，下文表述时以母公司杭州海康威视数字技术股份有限公司代指。

2.企业专利申请趋势分析

对杭州海康威视数字技术股份有限公司所有机器视觉专利以申请年与申请量为*x*轴与*y*轴制图，得其在机器视觉技术领域的全球专利申请趋势如图7-3-1所示。

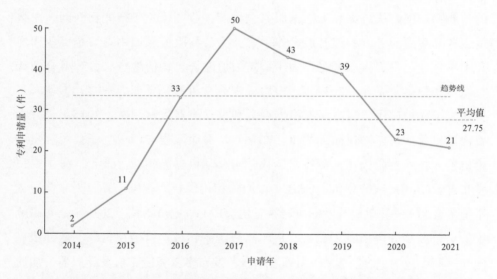

图7-3-1 杭州海康威视数字技术股份有限公司机器视觉领域全球专利申请趋势

从图7-3-1可以看出，在成立机器视觉业务中心当年，海康威视就已取得一定研发成果，在2014年开始了机器视觉专利布局。随着研发的深入，海康威视机器视觉领域专利申请量连续3年上涨，并在2017年达到峰值50件，这与海康威视在2016年专门成立以机器视觉为主要发展方向之一的子公司（杭州海康机器人技术有限公司）有关。2018年开始，海康威视机器视觉专利申请量逐年下跌。2018—2019年时回落幅度较小，年跌幅均在10%左右；2020年跌幅达41%，机器视觉专利年申请量重回20件左右。

3.企业核心专利分析

对杭州海康威视数字技术股份有限公司所有机器视觉专利根据施引专利数高低排序，该公司排行前十的专利见表7-3-1。

表7-3-1　杭州海康威视数字技术股份有限公司核心专利（施引专利数TOP10）

公开号	公开日期	IPC-现版	施引专利数（次）
CN106839975A	2017-06-13	G01B001100	43
CN107784654A	2018-03-09	G06T000711|G06K000962|G06N000304|G06N000308	19
CN107392958A	2017-11-24	G06T000760	17
CN107388960A	2017-11-24	G01B001100	17
CN108629354A	2018-10-09	G06K000962	13
US20190228529A1	2019-07-25	G06T000711|G06K000962|G06N000308|G06T0007143	10
CN108986064A	2018-12-11	G06T000700|G06K000900|G06T0007246|G06T0007277	9
CN109211264A	2019-01-15	G01C002500	6
CN109215082A	2019-01-15	G06T000780	6
CN108154210A	2018-06-12	G06K001906|G06K000714	5

由表7-3-1可见，杭州海康威视数字技术股份有限公司施引专利数最多的是公开号为CN106839975A的专利，施引专利数43次，其DWPI标题为*Depth camera based object volume measuring method, involves obtaining depth image of object, calculating height and width of object, and calculating volume of object according to three-dimensional coordinate of object*，IPC分类号为G01B11/00，是"以采用光学方法为特征的计量设备"的技术分类。该专利发明了一种基于深度相机的体积测量方法及其系统。方法包括以下步骤：从深度相机获取含有待测对象的深度图，深度图包含有待测对象的深度信息；根据深度信息将待测对象从深度图中提取出来，得到待测对象目标区域；利用预先标定的深度相机的参数，将待测对象的目标区域中各像素的二维图像坐标转换到三

维相机坐标系下的三维坐标；在三维相机坐标系下，根据待测对象的三维坐标计算待测对象的高度和长宽，从而计算出待测对象的体积。测量精度高，不受拍摄角度和高度影响，无须对相机安装高度和角度进行标定，使用简单方便。

施引专利数第二的是公开号为CN107784654A的专利，施引专利数19次，其DWPI标题为*Image segmentation method, involves inputting image feature data into target network which is obtained by pre-training and used for image segmentation, and obtaining image segmentation result corresponding to target image*，IPC分类号G06T7/11、G06K9/62、G06N3/08和G06N3/04，是"（图像分析）区域分割"、"应用电子设备进行识别的方法或装置"、"（基于生物学模型的计算机系统）学习方法"和"（基于生物学模型的计算机系统）体系结构，例如，互连拓扑"的技术分类。该专利发明了一种图像分割方法、装置及全卷积网络系统。其中，所述方法包括：获得待处理的目标图像；获得目标图像的图像特征数据；将图像特征数据输入至预先训练得到的用于图像分割的目标网络中，得到输出结果；目标网络为包括混合上下文网络结构的全卷积网络，所述混合上下文网络结构用于将自身所提取的多个具有预定尺度范围的参考特征融合为目标特征，目标特征为与所分割图像中目标对象的尺度范围相匹配的特征；目标网络通过具有不同尺度范围的目标对象的样本图像训练而成；基于输出结果，得到目标图像所对应的图像分割结果。通过本方案可以在保证大的感受视野的前提下，提升对图像中不同尺度范围的目标对象的分割有效性。

施引专利数并列第三的是公开号为CN107392958A和CN107388960A的专利，施引专利数17次。CN107392958A的DWPI标题为*Method for determining object volume based on binocular stereo camera, involves obtaining binocular image by target object, receiving external depth data of rectangle from depth image, and determining volume of target object*，IPC分类号为G06T7/60，是"图形属性的分析"的技术分类。该专利提供了一种基于双目立体摄像机确定物体体积的方法及装置。该方法包括：获得双目立体摄像机所采集的包含目标物体的双目图像；根据所述双目图像，生成包含所述目标物体的目标深度图像；

基于所述目标深度图像中的深度数据，分割得到所述目标物体所对应的目标图像区域；确定所述目标图像区域所对应的符合预定条件的目标外接矩形；基于所述目标外接矩形和所述目标深度图像中的深度数据，确定所述目标物体的体积。可见，通过本方案实现了确定物体体积时兼顾高精度、高效率和较低经济成本的目的。CN107388960A的DWPI标题为*Method for determining volume of object, involves performing segmentation according to depth data in target depth image, and determining target enclosing rectangle corresponding to target image region and satisfying preset condition*，IPC分类号为G01B11/00，是"以采用光学方法为特征的计量设备"的技术分类。该专利发明了一种确定物体体积的方法及装置。该方法包括：获得深度图像采集设备所采集的包含目标物体的目标深度图像；基于目标深度图像中的深度数据，分割得到目标物体所对应的目标图像区域；确定目标图像区域所对应的符合预定条件的目标外接矩形；基于目标外接矩形和目标深度图像中的深度数据，确定目标物体的体积。与现有技术中的采用激光的确定方法相比，本方案采用深度图像采集设备而无须激光测量设备，经济成本较低；另外，与现有技术中的采用手工标尺的确定方法相比，本方案采用软件程序自动确定体积而无须人工配合，具有较高精度和效率。可见，通过本方案实现了确定物体体积时兼顾高精度、高效率和较低经济成本的目的。

4.企业关键技术分析

对杭州海康威视数字技术股份有限公司机器视觉专利的IPC技术领域进行统计，结果如图7-3-2所示。由图可发现，该企业在机器视觉领域的研发侧重于G06K9/62、G06K9/00和G06T7/80技术领域。其中，在G06K9/62（应用电子设备进行识别的方法或装置）技术领域共计28件专利，占总量的12.61%；在G06K9/00（用于阅读或识别印刷或书写字符或者用于识别图形，例如，指纹的方法或装置）技术领域共计26件专利，占总量的11.71%；在G06T7/80（通过图像分析确定摄像机内部或外部的参数，例如，摄像机校准）技术领域共计23件专利，占总量的10.36%。

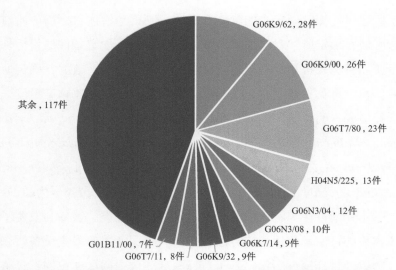

图7-3-2 杭州海康威视数字技术股份有限公司机器视觉技术构成分布

通过INCOPAT对杭州海康威视数字技术股份有限公司的机器视觉专利进行主题聚类分析后，发现图像合成方法（61件）、人脸识别方法（59件）、目标识别方法（52件）、相机（30件）、摄像机（20件）是该企业关注的内容，见图7-3-3。

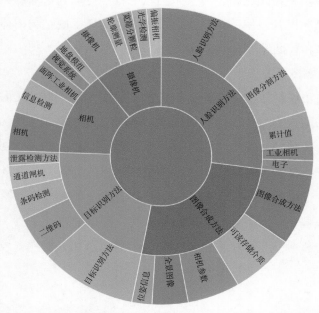

图7-3-3 杭州海康威视数字技术股份有限公司机器视觉技术聚类图

5.主要发明人分析

杭州海康威视数字技术股份有限公司视觉专利申请量排行前十的主要发明人、其涉足的技术领域及专利价值度如图7-3-4、图7-3-5、图7-3-6所示。

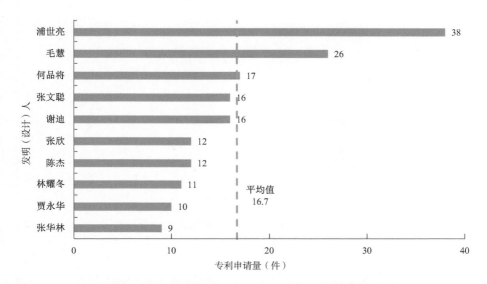

图7-3-4　杭州海康威视数字技术股份有限公司机器视觉主要发明（设计）人专利申请量（TOP10）

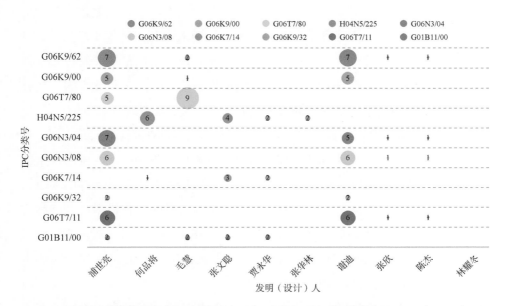

图7-3-5　杭州海康威视数字技术股份有限公司机器视觉主要发明（设计）人专利技术构成（TOP10）

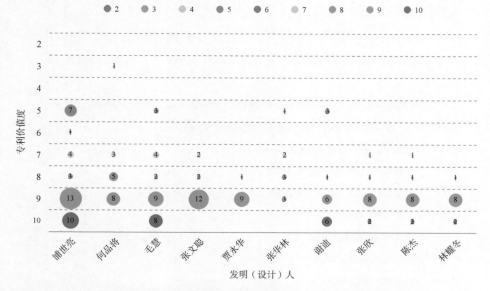

图7-3-6　杭州海康威视数字技术股份有限公司机器视觉主要发明（设计）人专利价值（TOP10）

由图7-3-4可得，该公司前十发明人专利申请量从9件到38件，平均为16.7件。申请量超过前十发明人专利申请量平均值的有浦世亮、毛慧和何品将3人。结合图7-3-5和图7-3-6可知，浦世亮以38件的专利申请量排行第一，专利申请量遥遥领先，是海康机器视觉前十发明人专利申请量平均值的2.28倍。浦世亮在机器视觉领域的研发范围广，在公司机器视觉主要发明人专利申请排行前十的技术领域中的大部分领域里均有涉猎，其专利较为均匀地分布在G06K9/62（应用电子设备进行识别的方法或装置）、G06N3/04（体系结构，例如，互连拓扑）、G06N3/08（学习方法）、G06T7/11（区域分割）、G06K9/00（用于阅读或识别印刷或书写字符或者用于识别图形，例如，指纹的方法或装置）和G06T7/80（通过图像分析确定摄像机内部或外部的参数，例如，摄像机校准）技术领域，分别占该发明人发明的所有机器视觉专利的18.42%、18.42%、15.79%、15.79%、13.16%、13.16%。浦世亮所发明的机器视觉相关专利的价值度分布在5～10之间，且多集中在价值度9～10，不小于价值度9的专利占其发明的所有机器视觉专利的60.53%。浦世亮专利总量多，涉猎范围广，专利质量好、专利价值大，是杭州海康威视数字技术股份有限公司机器视觉领域当之无愧的领军发明人。

毛慧以26件专利申请量位居第二。毛慧在机器视觉领域的技术研发方向明确，主要集中于G06T7/80（通过图像分析确定摄像机内部或外部的参数，例如，摄像机校准）技术领域，在此技术领域申请的专利占该发明人发明的所有机器视觉专利的34.62%。毛慧所发明的机器视觉相关专利的价值度分布在5～10，且多集中在价值度9～10，不小于价值度9的专利占其发明的所有机器视觉专利的65.38%。毛慧专利数量较多，深耕技术领域明确，专利质量好、价值高，是杭州海康威视数字技术股份有限公司机器视觉领域的重要发明人。

何品将以17件专利申请量排行第三。何品将在机器视觉领域研发目标明确，主要关注H04N5/225（电视摄像机）技术领域的研发，在此技术领域申请的专利占该发明人发明的所有机器视觉专利的35.29%。何品将所发明的机器视觉相关专利的价值度分布在3～9，且多集中在价值度8～9，不小于价值度8的专利占其发明的所有机器视觉专利的76.47%，不小于价值度9的专利占其发明的所有机器视觉专利的47.06%，但没有价值度为10的专利。何品将发明的机器视觉专利的重要性与质量性虽然明显逊于浦世亮与毛慧，但专利数量较多，专利质量较好，专利重要性较强，仍是优质发明人。

6.企业技术申请趋势分析

图7-3-7、图7-3-8是杭州海康威视数字技术股份有限公司机器视觉技术申请趋势和技术功效趋势情况。

从图7-3-7可看出，杭州海康威视数字技术股份有限公司在2016年以前以探索为主，在机器视觉不同技术分支内零散小额试探。2016年，海康以G06K7/14（应用无波长选择的光，例如，读出反射的白光）和H04N5/225（电视摄像机）技术领域为侧重点开始多点布局，并在2017年以G06K9/62（应用电子设备进行识别的方法或装置）为首要抓手实现了机器视觉总体专利数的大幅增长与细分技术领域研发的多点开花。2017—2019年，G06K9/62（应用电子设备进行识别的方法或装置）、G06K9/00（于阅读或识别印刷或书写字符或者用于识别图形，例如，指纹的方法或装置）和G06T7/80（通过图像分析确定摄像机内部或外部的参数，例如，摄像机校准）是海康在机

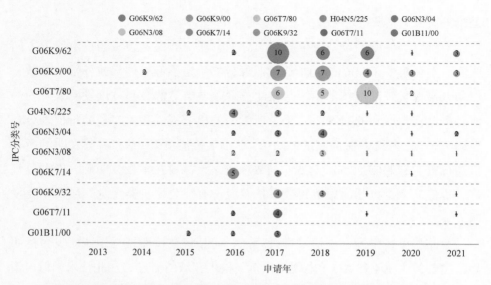

图7-3-7　杭州海康威视数字技术股份有限公司机器视觉技术申请趋势

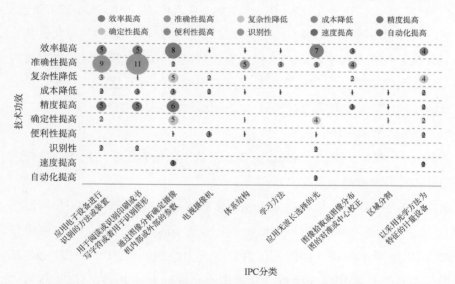

图7-3-8　杭州海康威视数字技术股份有限公司机器视觉技术功效趋势

视觉中最为关注的技术领域。2020年，海康的技术申请规模回落明显，近两年的专利申请进入低谷期。而在技术功效上，如图7-3-8所示，对G06K9/00（用于阅读或识别印刷或书写字符或者用于识别图形，例如，指纹的方法或装置）和G06K9/62（应用电子设备进行识别的方法或装置）技术领域的"准确性提高", 是海康最为关注的内容。

四、深圳市大疆创新科技有限公司

1.企业概况

深圳市大疆创新科技有限公司（简称"大疆"）成立于2006年, 如今已发展成为空间智能时代的技术、影像和教育方案引领者。成立14年间, 大疆的业务从无人机系统拓展至多元化产品体系, 在无人机、手持影像系统、机器人教育等多个领域成为全球领先的品牌。目前, 公司员工14 000余人, 在9个国家设有17家分支机构, 销售与服务网络覆盖全球100多个国家和地区。

大疆将机器视觉技术与无人机技术充分结合, 多年来取得了不俗的技术研发成果。2013年, 大疆发布全球首款会飞的照相机"精灵"Phantom 2 Vision。2014年, 推出该产品升级版, 并发布全球首款自带4K相机的可变形航拍器"悟"Inspire1、三轴手持云台系统"如影"Ronin、全高清数字图像传输系统Lightbridge等产品, 并推出SDK软件开发套件助力开发者扩展航拍应用领域。此后, 大疆在持续迭代现有产品的基础上, 2015年发布全球首款M4/3航拍相机"禅思"Zenmuse X5系列、热成像相机"禅思"XT、视觉传感导航系统Guidance等产品; 2016年发布首款具备光学变焦功能的手持云台相机"灵眸"Osmo+、首款主打便携性的折叠式航拍无人机"御"Mavic Pro等产品; 2017年发布首款飞行眼镜DJI Goggles、首款支持手势操控及人脸识别的掌上无人机"晓"Spark等产品; 2018年持续拓展云台支持设备; 2019年发布PC端无人机航测软件大疆智图、DJI FPV数字图传系统, 并入选《麻省理工科技评论》评选的2019年"50家聪明的公司"（TR50）榜单, 获评2019中国品牌强国盛典十大年度新锐品牌、2019年全国质量标杆、2019年度国家知识产权优势示范企业, 并获得第21届中国专利金奖; 2020年入选"2020福布斯中国最具创新力企业榜"、《快公司》2020"中国最佳创新公司50"（MIC50）榜单, 获得2020年中国优秀工业设计奖金奖。

2.企业专利申请趋势分析

对深圳市大疆创新科技有限公司所有机器视觉专利以申请年与申请量为x轴与y轴制图, 得其在机器视觉技术领域的全球专利申请趋势图如图7-4-1所示。

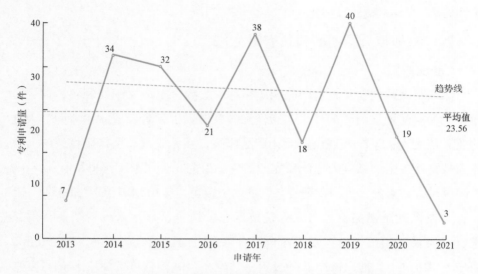

图7-4-1 深圳市大疆创新科技有限公司全球专利申请趋势

参见图7-4-1，深圳市大疆创新科技有限公司在2013年开始明确提出"机器视觉"概念的专利申请，并在2014年将申请量迅速提升至34件，同比增长385.71%。之后，深圳市大疆创新科技有限公司机器视觉相关专利年申请量一直在较为稳定的区间范围内波动，年申请量峰值出现在2019年，达40件。总体而言，深圳市大疆创新科技有限公司机器视觉相关领域的专利申请总体上保持着较为稳定的研发状态。

3.企业核心专利分析

对深圳市大疆创新科技有限公司所有机器视觉专利根据施引专利数高低排序，该公司排行前十的专利见表7-4-1。值得一提的是，该公司的高被引专利以美国专利为主，将美国作为主要目标市场，异于本章其他公司。

表7-4-1 深圳市大疆创新科技有限公司机器视觉领域核心专利（施引专利数TOP10）

公开号	公开日期	IPC-现版	施引专利数（件）
US9056676B1	2015-06-16	G05D000100|B64C003702|B64C003902	376
US20160076892A1	2016-03-17	G01C002120|B64C003902|B64D004708|G05D000110	109

公开号	公开日期	IPC-现版	施引专利数（件）
US20150353206A1	2015-12-10	B64F000100|B60R000900|B64C003902|B64F000122	88
US20170221226A1	2017-08-03	G06T000780	74
US9302783B2	2016-04-05	B64D004100|B60R000900|B64C003902|B64F000100|B64F000122	47
CN105517664A	2016-04-20	A99Z009900	46
US20160023762A1	2016-01-28	B64C003902|B64F000122	41
US20160332748A1	2016-11-17	B64F000122|B64C003902	39
US20200064483A1	2020-02-27	G01S001793|G01S001342|G01S001393|G01S001702|G01S001789|G05D000102|H01Q000132|H04L002908	27
US20160273921A1	2016-09-22	G01C002116|G01S001948|G01S001949	27

由表7-4-1可见，深圳市大疆创新科技有限公司机器视觉领域施引专利数最多的是公开号为US9056676B1的专利，施引专利数376次，其DWPI标题为*Controller for controlling operation of unmanned aerial vehicle (UAV), in which identifier of companion vehicle is detectable by UAV and allows companion vehicle to be differentiated from other vehicles*，IPC分类号为G05D1/00、B64C37/02、B64C39/02，是"陆地、水上、空中或太空中的运载工具的位置、航道、高度或姿态的控制，例如，自动驾驶仪""由单架飞机形成的飞行装置""以特殊用途为特点的其他飞行器"的技术分类。该专利发明了一个用于控制无人机（UAV）操作的控制器，其中可以被无人机检测到同伴车辆的标识符，并允许将同伴车辆与其他车辆区分开来。

施引专利数第二的是公开号为US20160076892A1的专利，施引专利数109次，其DWPI标题为*Method for determining external state of unmanned aerial vehicle (UAV), involves updating external state information of UAV by applying relative proportional relationship to external state*，IPC分类号G01C21/20、B64C39/02、B64D47/08、G05D1/10，归属"执行导航计算的仪器""以特殊

用途为特点的其他飞行器""照相机的布置""三维的位置或航道的同时控制"的技术分类。该专利发明了一种确定无人机外部状态的方法，涉及通过对外部状态应用相对比例关系来更新无人机的外部状态信息。

施引专利数排名第三的是公开号为US20150353206A1的专利，施引专利数88次，其DWPI标题为*Apparatus for housing unmanned aerial vehicle (UAV) in or on vehicle e.g. airplane, has cover that encloses UAV and vehicle permits UAV to take off from vehicle and/or land on vehicle while vehicle is in operation or in motion*，IPC分类号为B64F1/00、B60R9/00、B64C39/02、B64F1/22，是"地面装置或航空母舰甲板装置""车外用于载运物品的，例如，行李、运动器械或类似物的附加配件""以特殊用途为特点的其他飞行器""用于搬运飞机的设备"的技术分类。该专利发明了一种用于将无人驾驶飞行器（UAV）容纳在车辆中或车辆上的设备，例如飞机，具有包围无人机的掩体，并且车辆允许无人机在车辆运行或运动时从车辆起飞和/或降落在车辆上。

4.企业关键技术分析

对深圳市大疆创新科技有限公司机器视觉专利的IPC技术领域进行统计，结果如图7-4-2所示。由图可发现，该企业在机器视觉领域的技术研发主要

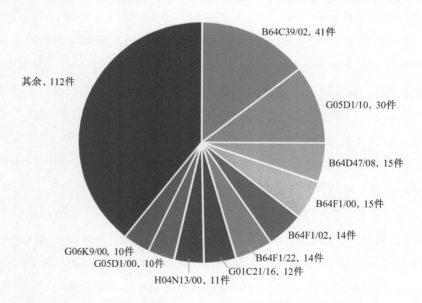

图7-4-2 深圳市大疆创新科技有限公司机器视觉技术构成分布

侧重于B64C39/02、G05D/1/10等技术领域。大疆在B64C39/02（以特殊用途为特点的其他飞行器）技术领域共拥有41件专利，占其所有机器视觉专利的19.43%；在G05D1/10（三维的位置或航道的同时控制）技术领域共拥有30件专利，占其所有机器视觉专利的14.22%。

通过INCOPAT对该公司机器视觉专利进一步开展主题聚类分析，发现主要类别如图7-4-3所示。由图可见，相机参数（56件）、高光谱成像（47件）、基站（43件）、距离测量方法（42件）、卷积神经网络（23件）是深圳市大疆创新科技有限公司机器视觉技术较为关注的内容。

5.主要发明人分析

深圳市大疆创新科技有限公司机器视觉专利申请量排行前十的主要发明人、其涉足的技术领域及专利价值度如图7-4-4、图7-4-5、图7-4-6所示。

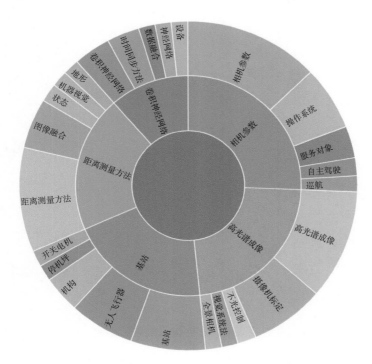

图7-4-3　深圳市大疆创新科技有限公司机器视觉技术主题聚类图

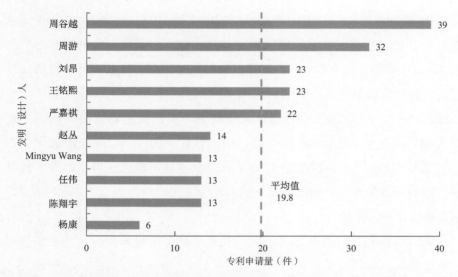

图7-4-4　深圳市大疆创新科技有限公司机器视觉主要发明（设计）人专利申请量
（TOP10）

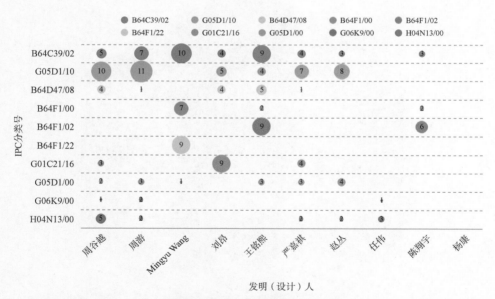

图7-4-5　深圳市大疆创新科技有限公司机器视觉主要发明（设计）人专利技术构成
（TOP10）

由图7-4-4可见，该公司前十发明人专利申请量从6件到39件，平均为
19.8件。申请量超过前十发明人专利申请量平均值的有周谷越、周游、刘
昂、王铭熙、严嘉祺5人。结合图7-4-5和图7-4-6可知，周谷越以39件的专

利申请量位居第一，且在公司主要发明人专利申请排行前十的机器视觉技术领域中涉猎了绝大部分，但其研发成果主要集中在G05D1/10（三维的位置或航道的同时控制）技术领域，其次落在B64C39/02（以特殊用途为特点的其他飞行器）技术领域和H04N13/00（立体视频系统；多视点视频系统；其零部件）。周谷越所发明的机器视觉相关专利绝大多数集中在10价值度，价值度10的专利占其发明的所有机器视觉专利的84.62%。周谷越专利总量多、质量好、价值大、重要性强、优质率极高，涉猎研发领域较广但深耕技术领域明确，是深圳市大疆创新科技有限公司机器视觉领域举足轻重的领军发明人。

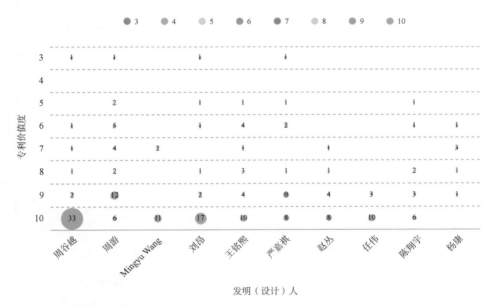

图7-4-6 深圳市大疆创新科技有限公司机器视觉主要发明人专利价值（TOP10）

周游以32件的专利申请量排行第二。周游在机器视觉领域主要以研发G05D1/10（三维的位置或航道的同时控制）和B64C39/02（以特殊用途为特点的其他飞行器）技术领域为主，且专利质量高，其发明的专利主要集中在价值度9中，不小于价值度9的专利占其发明的所有机器视觉专利的56.25%，周游专利数量多，深耕领域明确，专利质量高，是深圳市大疆创新科技有限公司机器视觉领域颇有实力的重要发明人。

刘昂和王铭熙以23件的专利申请量并列第三。刘昂在机器视觉领域的研发侧重于G01C21/16（采用积分加速度或速度的方法导航，即惯性导航）技术领域，且刘昂所发明专利的价值普遍很高，其发明专利集中在价值度10中，价值度10的专利占刘昂发明的所有机器视觉专利的73.91%。刘昂发明能力强、重要发明多、专利价值大、优质发明比率高，是深圳市大疆创新科技有限公司机器视觉领域重要的发明人。而王铭熙在机器视觉领域最关注B64C39/02（以特殊用途为特点的其他飞行器）和B64F1/02（停机装置；液体停机装置）技术领域的研发，其发明的专利按价值度衡量，落在价值度10的专利数量最多，占王铭熙发明的所有机器视觉专利的43.48%。王铭熙专利数量较多，专利重要性大，发明能力强。

严嘉祺以22件专利申请量排行第五，与并列第三的2位发明人差距极小。严嘉祺在机器视觉领域的研发集中在G05D1/10（三维的位置或航道的同时控制）、B64C39/02（以特殊用途为特点的其他飞行器）和G01C21/16（采用积分加速度或速度的方法导航，即惯性导航）技术领域。严嘉祺发明的专利主要集中在价值度9～10区间范围内，不小于价值度9的专利占其发明的所有机器视觉专利的77.27%，专利数量较多，专利质量好。

6.企业技术申请趋势分析

图7-4-7和图7-4-8是深圳市大疆创新科技有限公司机器视觉技术申请趋势和技术功效趋势情况。

从图7-4-7中可得，深圳市大疆创新科技有限公司在2013年明确"机器视觉"概念并初步布局后，次年就以B64C39/02（以特殊用途为特点的其他飞行器）技术领域为首，在各技术领域多点开花，并实现了年专利申请数的大幅增长。纵观历年技术申请趋势，G05D1/10（三维的位置或航道的同时控制）和B64C39/02（以特殊用途为特点的其他飞行器）技术领域一直是深圳市大疆创新科技有限公司机器视觉领域的研发侧重点。近3年来，深圳市大疆创新科技有限公司在机器视觉方面各技术领域的研发较为平均且分散，但在2019年有一个明显聚焦的侧重点，即G06K9/00（用于阅读或识别印刷或书写字符或者用于识别图形，例如，指纹的方法或装置）技术领域，该年也是深圳市大疆创新科技有限公司机器视觉专利年申请量的峰值年。而在技术功效方面，如图7-3-2所示，G05D1/10（三维的位置或航道的同时控制）技术领域的

"碰撞避免"、G01C21/16（采用积分加速度或速度的方法，即惯性导航）技术领域的"准确性提高"与G06K9/00（用于阅读或识别印刷或书写字符或者用于识别图形，例如，指纹的方法或装置）技术领域的"效率提高"，是大疆较为关注的内容。

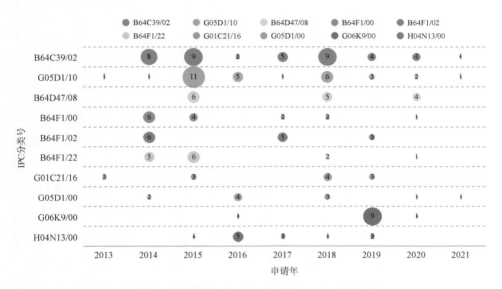

图7-4-7　深圳市大疆创新科技有限公司机器视觉技术申请趋势

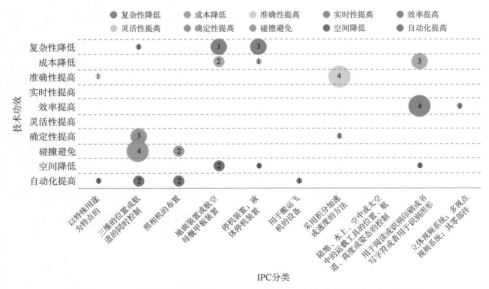

图7-4-8　深圳市大疆创新科技有限公司机器视觉技术功效趋势

五、华为技术有限公司

1.企业概况

华为技术有限公司（简称华为）创立于1987年，是全球领先的ICT（信息与通信）基础设施和智能终端提供商。目前，华为约有19.4万名员工，业务遍及全球170多个国家和地区，服务30多亿人口。华为以"华为智能安全业务"为前身，设立了专门的机器视觉业务模块，以好望（HoloSens）为品牌名称，以"全息感知、数据智能"为核心理念，向下扎根，打造SuperColor、SuperCoding和AITurbo机器视觉三大根技术，在全天候极致图像体验、价值视频超长留存、场景化智能高效应用三大领域深耕，拥有5000件以上的音视频专利，是H.264/H.265/H.266标准主要贡献者，构造了全栈全场景AI解决方案，力争实现"用智慧之眼感知万物，点亮智能世界"的愿景。

"好望（HoloSens）"面向智慧城市、智慧交通、智慧园区等行业提供好望软件定义摄像机（包括目标卡口摄像机、目标全结构化摄像机、车辆微卡口摄像机、电警卡口摄像机、态势感知摄像机、目标抓拍/识别摄像机等）、好望智能视频存储和好望云服务（智能视频云平台、智能指挥平台）等"全息感知"和"端边云"协同产品与解决方案，携手算法、应用、硬件等领域的合作伙伴，从传统安防到机器视觉，使能千行百业数字化转型。"好望（HoloSens）"持续发挥核心技术优势，在图像、视图编码、视觉智能等领域持续投入，整合连接、计算、云、终端等技术优势，提供业界领先的多光谱融合智能视觉感知终端；聚集视觉感知数据密集型边缘场景，提供智能视频存储解决方案；以云服务为核心，构筑"端边云"协同解决方案和创新性商业模式；通过开放、有黏性、可运营的机器视觉生态平台，引领产业发展方向，携手伙伴拥抱更大的市场。

2.企业专利申请趋势分析

对华为技术有限公司所有机器视觉专利以申请年与申请量为x轴与y轴制图，得到该公司在机器视觉技术领域的全球专利申请趋势如图7-5-1所示。

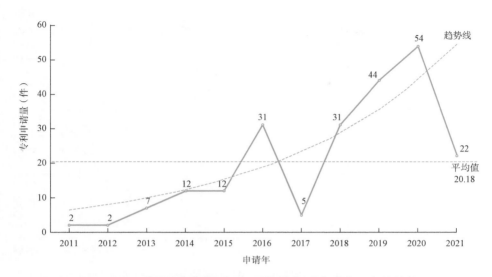

图7-5-1　华为技术有限公司机器视觉领域全球专利申请趋势

从图7-5-1可以看出，华为技术有限公司在2011年开始机器视觉专利布局，2011—2012年处于起步阶段，申请数量极低，2013年申请量开始缓慢增长，直到2016年，年申请量突破30件。2017年华为机器视觉专利申请量落入低谷，但次年专利申请进入快速发展的局面，申请量连续3年迅速增长，并在2020年达到顶峰，专利年申请量达到54件。

3.企业核心专利分析

对华为技术有限公司所有机器视觉专利根据施引专利数高低排序，该公司排行前十的专利见表7-5-1。

表7-5-1　华为技术有限公司机器视觉核心专利（施引专利数TOP10）

公开号	公开日期	IPC-现版	施引专利数（次）
CN104680508A	2015-06-03	G06T000700	47
CN105093472A	2015-11-25	G02B000702|G02B000300|H04N0005225	25
US20170076430A1	2017-03-16	G06T000500|G06F00030484|G06F00030488|G06T000700|G06T001160|H04N0005232	21

公开号	公开日期	IPC-现版	施引专利数（次）
CN105374019A	2016-03-02	G06T000550	16
CN103971131A	2014-08-06	G06K000964|G06K000946	15
CN109495688A	2019-03-19	H04N0005232|H04N0013207|H04N0013257	17
CN103106386A	2013-05-15	G06K000900|G06K000946	11
CN105389583A	2016-03-09	G06K000962	11
WO2015078185A1	2015-06-04	G06N0003063|G06T000140	11
CN105335950A	2016-02-17	G06T000700|G06T000340	9

由表7-5-1可见，华为技术有限公司机器视觉领域施引专利数最多的是公开号为CN104680508A的专利，施引专利数47次，其DWPI标题为*Method for detecting human based on convolution nerve network, involves determining shielding corresponding to parts of detection region in extraction image by shielding processing layer according to he score diagrams of parts*，IPC分类号为G06T7/00，是"图像分析"的技术分类。该专利发明了一种卷积神经网络和基于卷积神经网络的目标物体检测方法，所述卷积神经网络包括：特征提取层、部位检测层、形变处理层、遮挡处理层和分类器。本发明实施例提供的卷积神经网络，联合了优化特征提取、部位检测、形变处理、遮挡处理和分类器学习，通过形变处理层使得卷积神经网络能够学习目标物体的形变，并且形变学习和遮挡处理进行交互，这种交互能提高分类器根据所学习到的特征分辨目标物体和非目标物体的能力。

施引专利数第二的是公开号为CN105093472A的专利，施引专利数25次，其DWPI标题为*Imaging device e.g. camera has image sensor and micro-lens arrays that are connected, for adjusting distance between micro-lens arrays*，IPC分类号为G02B7/02、G02B3/00、H04N5/225，归属"用于透镜的光学元件的安装、调整装置或不漏光连接"、"简单或复合透镜"和"电视摄像机"的技术分类。该专利发明了一种成像装置和成像方法。该成像装置包括：第一

微透镜阵列和第二微透镜阵列设置在主镜透与图像传感器之间，第一微透镜阵列设置在第二微透镜阵列与主透镜之间，第一微透镜阵列与第二微透镜阵列平行布置，第一微透镜阵列包括M*N个第一微透镜，第二微透镜阵列包括M*N个第二微透镜，若第一微透镜为平凹透镜，则第二微透镜为平凸透镜；若第一微透镜为平凸透镜，则第二微透镜为平凹透镜；M*N个第一微透镜分别与M*N个第二微透镜凹凸相对且一一对应；驱动装置与主透镜、图像传感器、第一微透镜阵列和第二微透镜阵列相连接，用于调整第一微透镜阵列与第二微透镜阵列之间的距离。本发明能够实现相机的不同成像模式之间的快速切换。

施引专利数排名第三的是公开号为US20170076430A1的专利，施引专利数21次，其DWPI标题为*Method for processing image of objects captured by camera of e.g. mobile phone, involves determining depth information about depth planes, and generating refocusing images of depth planes according to depth information*，IPC分类号为G06T5/00、G06F3/0484、G06F3/0488、G06T7/00、G06T11/60、H04N5/232，归属"图像的增强或复原"技术分类、"用于将所要处理的数据转变成为计算机能够处理的形式的输入装置；用于将数据从处理机传送到输出设备的输出装置，例如，接口装置"技术分类下属的"用于特定功能或操作的控制，例如，选择或操作一个对象或图像，设置一个参数值或选择一个范围""使用触摸屏或数字转换器，例如，通过跟踪手势输入命令的"技术分类、"图像分析"技术分类、"编辑图形和文本，组合图形或文本"技术分类（2019版）和"控制摄像机的装置，如遥控"技术分类。该专利发明了一种图像处理方法和图像处理设备。所述方法包括：确定多个深度平面的深度信息，所述多个深度平面的深度信息用于指示所述多个深度平面，所述多个深度平面分别对应于所述多个深度平面的多个重聚焦图像，基于所述多个重聚焦图像的原始数据生成所述多个重聚焦图像；根据所述深度信息生成所述多个深度平面的重聚焦图像，所述多个深度平面的重聚焦图像包括所述多个重聚焦图像的聚焦部分。在本申请的技术方案中，可以同时获得多个深度平面中的物体的清晰图像。

4.企业关键技术分析

对华为技术有限公司机器视觉专利的IPC技术领域进行统计，结果如图7-5-2所示。由图可发现，该企业在机器视觉领域的技术研发更侧重于G06K9/00、G06K9/62等技术领域。其中，在G06K9/00（用于阅读或识别印刷或书写字符或者用于识别图形，例如，指纹的方法或装置）技术领域的专利共计34件，占华为所有机器视觉相关专利的15.32%；在G06K9/62（应用电子设备进行识别的方法或装置）技术领域的专利共计28件，占华为所有机器视觉相关专利的12.61%。

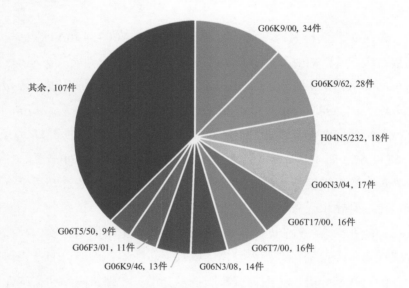

图7-5-2　华为技术有限公司机器视觉技术构成分布

通过INCOPAT对该公司机器视觉专利进一步开展主题聚类分析，发现主要类别如图7-5-3所示。由下图可见，元学习（101件）、视频图像编码（74件）、光耦合（12件）、摄像（11件）、单模光纤（8件）是该公司关注的内容。

5.主要发明人分析

华为技术有限公司视觉专利申请量排行前十的主要发明人、其涉足的技术领域及专利价值度如图7-5-4、图7-5-5、图7-5-6所示。

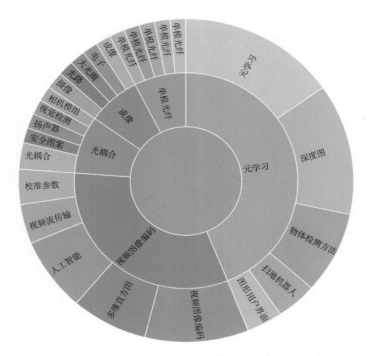

图7-5-3　华为技术有限公司机器视觉技术主题聚类图

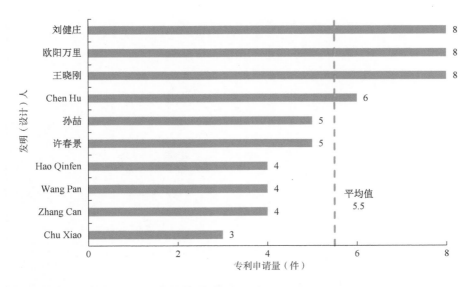

图7-5-4　华为技术有限公司机器视觉主要发明（设计）人专利申请量（TOP10）

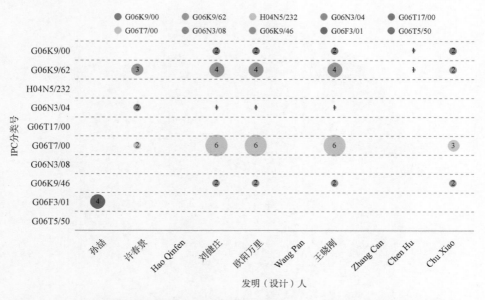

图7-5-5　华为技术有限公司机器视觉主要发明（设计）人专利技术构成（TOP10）

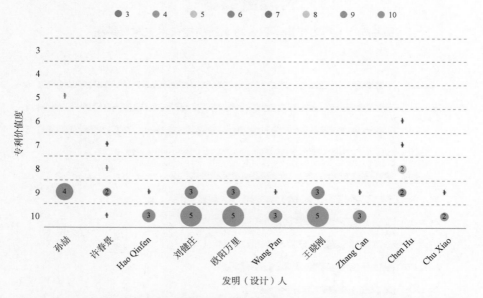

图7-5-6　华为技术有限公司机器视觉主要发明（设计）人专利价值（TOP10）

由图7-5-4可见，该公司前十发明人专利申请量从3件到8件，平均为5.5件。申请量超过前十发明人专利申请量平均值的有刘健庄、欧阳万里、王晓刚和Chen Hu 4人，但前十发明人之间的专利申请量并没有拉开明显差距，没有出现实力大幅领先的重量级发明人。结合图7-5-5与图7-5-6可得，刘健庄、欧阳万里和王晓刚以8件的专利申请量并列第一，且其研发方向均侧重于G06T7/00（图像分析）、G06K9/62（应用电子设备进行识别的方法或装置）技术领域，这两个技术领域均各占这3位发明人发明的所有机器视觉专利的75%和50%。刘健庄、欧阳万里和王晓刚所发明的机器视觉相关专利的价值度以10为主且价值度均不小于9，专利价值度为10的机器视觉专利均占这3人所有机器视觉专利的62.5%。刘健庄、欧阳万里和王晓刚发明的机器视觉相关专利申请量一致、专利技术构成一致、专利价值度一致，其所发明的专利价值大、聚焦领域明显，这说明华为形成了以刘健庄、欧阳万里和王晓刚为中心的领军发明人团队，团队合作紧密，研发成果质量好、重要性强。

Chen Hu以6件专利申请量排行第四，G06K9/00（用于阅读或识别印刷或书写字符或者用于识别图形，例如，指纹的方法或装置）与G06K9/62（应用电子设备进行识别的方法或装置）是其较为关注的技术领域。Chen Hu所发明的机器视觉专利的价值度分布在价值度6~9之间，大多数集中在价值度8~9，价值度不小于8的专利占其所有机器视觉专利的66.67%。Chen Hu机器视觉专利质量较好，是华为技术有限公司机器视觉领域较为重要的发明人。

6.企业技术申请趋势分析

图7-5-7和图7-5-8是华为技术有限公司机器视觉技术申请趋势和技术功效趋势情况。

由图7-5-7可见，2011—2013年是华为技术有限公司在机器视觉领域申请专利的萌芽期，在少量技术分支零星探索。2014年，华为在机器视觉领域的研发升温，以G06T7/00（图像分析）和G06K9/62（应用电子设备进行识别的方法或装置）技术领域为中心点开始多点布局，并在2016年迎来了以G06F3/01（用于用户和计算机之间交互的输入装置或输入和输出组合装置）为侧重点的多点开花。近3年，华为在机器视觉领域专利申请活跃，专利技术申请的热点集中在G06K9/00（用于阅读或识别印刷或书写字符或者用于识别图形，例如，指纹的方法或装置）、G06K9/62（应用电子设备进行识别的方法或装置）、G06N3/04（体系结构，例如，互连拓扑）和G06N3/08（学习方法）技术领域。而在技术功效上，如图7-5-8所示，华为最关注G06K9/62（应用电子设备进行识别的方法或装置）和G06K9/00（用于阅读或识别印刷或书写字符或者用于识别图形，例如，指纹的方法或装置）技术领域的"准确性提高"。

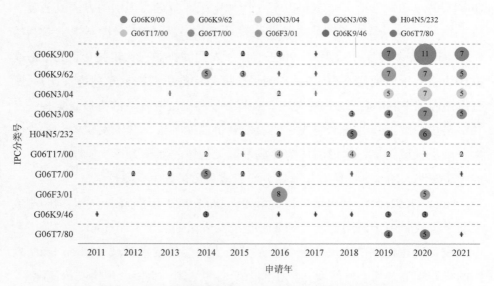

图7-5-7　华为技术有限公司机器视觉技术申请趋势

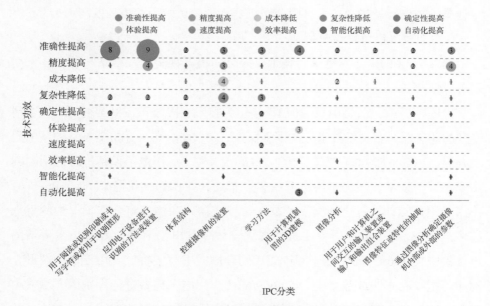

图7-5-8　华为技术有限公司机器视觉技术功效趋势

六、北京百度网讯科技有限公司

1.企业概况

北京百度网讯科技有限公司（简称"百度"）成立于2001年，历经多年发展，百度已形成了以北京百度网讯科技有限公司为主公司的百度集团。百度每天响应来自100余个国家和地区的数十亿次搜索请求，是网民获取中文信息和服务的最主要入口，服务10亿互联网用户。基于搜索引擎，百度演化出语音、图像、知识图谱、自然语言处理等人工智能技术。最近10年，百度在深度学习、对话式人工智能操作系统、自动驾驶、AI芯片等前沿领域投资，使得百度成为一个拥有强大互联网基础的领先AI公司。百度大脑是百度通用AI能力之集大成，通过利用包括语音识别、计算机视觉、NLP、OCR、视频分析和结构化数据分析领域的算法、预训练模型和数据集等全套基于云的模块化解决方案，开发人员和企业可获取和构建针对不同行业的定制化人工智能解决方案。百度大脑现已对外开放了270多项AI能力，日调用量突破1万亿次。因百度集团中，涉足机器视觉业务的主要是北京百度网讯科技有限公司与百度在线网络技术（北京）有限公司，故此节中将二者合并检索分析，并以百度集团的主营公司北京百度网讯科技有限公司代指合并检索结果。

2.企业专利申请趋势分析

对北京百度网讯科技有限公司所有机器视觉专利以申请年与申请量为x轴与y轴制图，得该公司在机器视觉技术领域的全球专利申请趋势如图7-6-1所示。

从图7-6-1可以看出，百度在2014年开始涉足机器视觉的专利布局，但随后3年中，专利年申请量极低且申请时断时续，直到2018年申请量才首次突破20件。2019年，百度机器视觉专利申请量小幅度回落，但之后一直保持较好的发展态势，尤其是2021年，机器视觉专利年申请量大幅度上涨至峰值90件，同比增长187.5%。近两年，百度机器视觉发展态势迅猛，年申请量呈现明显的上扬趋势，预计后期申请量会继续上涨。

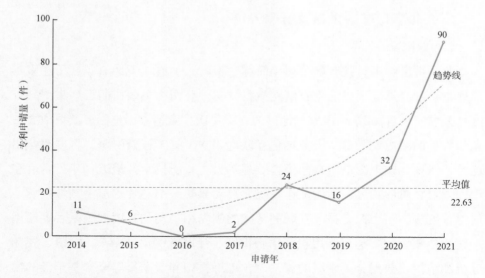

图7-6-1　北京百度网讯科技有限公司机器视觉领域全球专利申请趋势

3.企业核心专利分析

对北京百度网讯科技有限公司所有机器视觉专利根据施引专利数高低排序，该公司排行前十的专利见表7-6-1。

表7-6-1　北京百度网讯科技有限公司机器视觉核心专利（施引专利数TOP10）

公开号	公开日期	IPC-现版	施引专利数（次）
CN105260699A	2016-01-20	G06K000900	60
CN104346446A	2015-02-11	G06F001730	19
CN104408743A	2015-03-11	G06T000720|G06K000900|G06K000946	13
CN108234984A	2018-06-29	H04N0013106|H04N000931|H04N0013156|H04N0013204|H04N0013257|H04N0013271|H04N0013293	13
CN108564104A	2018-09-21	G06K000962|G06N000304	11
CN109747657A	2019-05-14	B60W004010|B60W004000|B60W004008|H04L002908	10
CN107392189A	2017-11-24	G06K000900	8
CN104318218A	2015-01-28	G06K000900|G06K000962	7

公开号	公开日期	IPC-现版	施引专利数（次）
CN109018773A	2018-12-18	B65F000114|B65F000100|G06K000900	8
CN109808703A	2019-05-28	B60W005000|G05D000100	7

由表7-6-1可见，北京百度网讯科技有限公司施引专利数最多的是公开号为CN105260699A的专利，施引专利数60次，其DWPI标题为*Method for processing lane data involves identifying lane attribute information, and map data of lane lines are determined according to attribute information of lane and original image shoot*，IPC分类号为G06K9/00，是"用于阅读或识别印刷或书写字符或者用于识别图形，例如，指纹的方法或装置"的技术分类。该专利发明了一种车道线数据的处理方法及装置。该方法包括：获取原始图像和原始图像的定位数据；采用深度神经网络模型，计算所述原始图像中各像素符合车道线特征的像素置信度；从所述原始图像中确定车道线轮廓，作为候选车道线；计算所述候选车道线的车道线置信度；根据所述候选车道线的车道线置信度，对所述候选车道线进行筛选；针对筛选后的车道线，识别所述车道线的属性信息；根据所述车道线的属性信息，以及所述原始图像拍摄时的定位数据，确定所述车道线的地图数据。本发明实施例提供的一种车道线数据的处理方法及装置，能够高效、精确地确定车道线数据，大大降低高精地图生产中的人工成本，可实现大规模地高精地图生产。

施引专利数第二的是公开号为CN104346446A的专利，施引专利数19次，其DWPI标题为*Knowledge map relevant information recommendation method, involves establishing multi-herba polygoni avicularis thesis values of attribute information, and using thesis library to store herba polygoni avicularis thesis value*，IPC分类号G06F17/30，归属"特别适用于特定功能的数字计算设备或数据处理设备或数据处理方法"技术分类下属的"信息检索；及其数据库结构"技术分类。该专利发明了一种基于知识图谱的论文关联信息推荐方法及装置。该方法包括：对用户的查询内容进行解析，得到所述查询内容的类型，以及对所述查询内容进行检索，得到包含所述查询内容的多篇论文；根据所述多篇论文的属性信息从知识图谱中获取与所述类型相对应的边关系；根据所述边关系为所述用户推荐与所述查询内容相关联的论文信息。本发明实施例可以使得用户从所感兴趣的查询内容就能从知识图谱中获取到与该查询内容相关联的更多的论文信息，使用户能够更好地从事科研工作，提高了用户获取相关论文信息的效率。

　　施引专利数并列第三的是公开号为CN104408743A和CN108234984A的专利，施引专利数13次。CN104408743A的DWPI标题为*Video image segmentation method, involves performing characteristic point extraction process on target object in foreground area through probability density function, and tracking and analyzing movement of target object*，IPC分类号为G06T7/20、G06K9/00、G06K9/46，是"（图像分析）运动分析""用于阅读或识别印刷或书写字符或者用于识别图形，例如，指纹的方法或装置""图像特征或特性的抽取"的技术分类。该专利发明了一种图像分割方法和装置。该图像分割方法包括：接收描述目标物体的动态移动过程的视频图像，获取视频图像的全图光流和背景光流，将所述视频图像中每个像素的位移与对应的背景像素的位移进行对比，获得目标物体的前景区域；确定所述目标物体的个数；对上述目标物体进行视觉跟踪和运动轨迹分析，以对所述目标物体进行跟踪；根据所述特征点的帧间位移、帧间切割窗口相似度和跟踪框尺度变换，对所述目标物体进行静止判断和图像分割。本发明可以实现在对想要进行图像识别和认识的物体进行识别的过程中，只需要拿取或摇晃目标物体即可快速获得对目标物体的图像分割，为下一步针对目标物体的图像识别做准确的识别输入。CN108234984A的DWPI标题为*Binocular depth camera system, has processing module for processing infrared images obtained by infrared cameras to generate infrared depth map, where infrared depth map is overlapped infrared color image to obtain depth image*，IPC分类号为H04N13/106、H04N13/156、H04N13/204、H04N13/257、H04N13/271、H04N13/293、H04N9/31，是"立体视频系统；多视点视频系统；其零部件"技术分类下属的"图像信号处理""使用立体图像照相机的""混合图像信号""彩色方面""其中生成的图像信号包括深度图或色差图""生成混合单视场图像；生成混合单视场图像和立体图像，例如，一幅立体图像叠加窗口在一幅单视场图像背景上"技术分类和"彩色图像显示用的投影装置"的技术分类。该专利发明了一种双目深度相机系统和深度图像生成方法。该系统的具体实施方式包括：散斑投影仪，用于向目标区域投射红外散斑图案；双目相机，包括两个具有红外摄像功能的红外相机，且双目相机中存在至少一个红外相机还具有彩色摄像功能；处理模块，用于利用双目视觉原理处理各红外相机利用红外摄像功能采集到的红外图像以生成红外深度图，并将红外深度图与红外相机利用彩色摄像功能采集到的彩色图像相叠加得到深度图像。该实施方式提供的双目深度相机系统缩小了其所在的双目深度相机的体积，降低了双目深度相机的成本。

4.企业关键技术分析

对北京百度网讯科技有限公司机器视觉专利的IPC技术领域进行统计，结果如图7-6-2所示。由图可发现，北京百度网讯科技有限公司在机器视觉最关注GG06K9/00与G06K9/62技术领域。其中，在G06K9/00（用于阅读或识别印刷或书写字符或者用于识别图形，例如，指纹的方法或装置）技术领域共计68件专利，占百度所有机器视觉相关专利的37.57%；在G06K9/62（应用电子设备进行识别的方法或装置）技术领域共计62件专利，占百度所有机器视觉相关专利的34.25%。

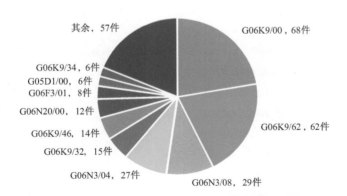

图7-6-2　北京百度网讯科技有限公司机器视觉技术构成分布图

通过INCOPAT对该公司机器视觉专利进一步开展主题聚类分析，可见目标检测方法（49件）、图像处理模（30件）、远程控制方法（29件）、活体检测方法（19件）、联合检测方法（16件）是该企业关注的内容，见图7-6-3。

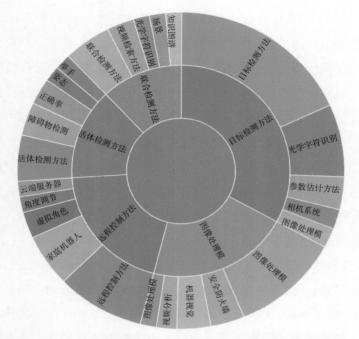

图7-6-3 北京百度网讯科技有限公司机器视觉技术主题聚类图

5.主要发明人分析

北京百度网讯科技有限公司视觉专利申请量排行前十的主要发明人、其
涉足的技术领域及专利价值度如图7-6-4、图7-6-5、图7-6-7所示。

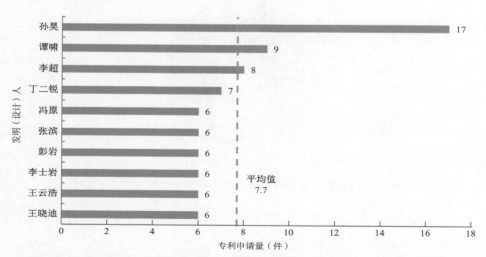

图7-6-4 北京百度网讯科技有限公司机器视觉主要发明（设计）人专利申请量
（TOP10）

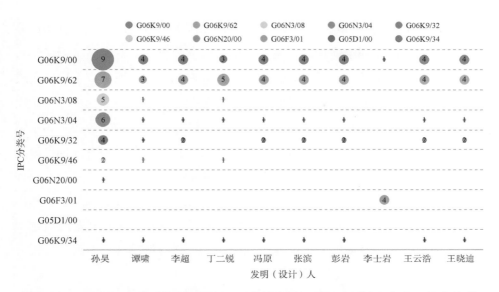

图7-6-5　北京百度网讯科技有限公司机器视觉主要发明（设计）人专利技术构成
（TOP10）

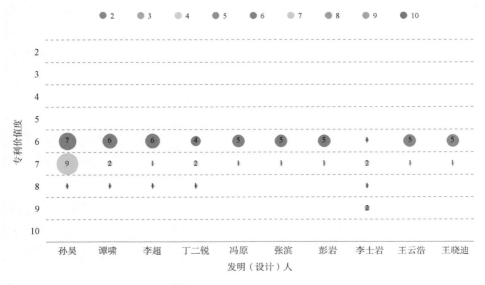

图7-6-6　北京百度网讯科技有限公司机器视觉主要发明（设计）人专利价值
（TOP10）

由图7-6-4可见，该公司前十发明人专利申请量从6件到17件，平均为7.7件。申请量超过前十发明人专利申请量平均值的有孙昊、谭啸和李超3人。

结合图7-6-5和图7-6-6可得，孙昊以17件的专利申请量位居第一，且是该公司唯一超过10件专利申请量的发明人。孙昊研发范围广，对多个机器视觉技术领域分支均有涉猎，其研发主要侧重于G06K9/00（用于阅读或识别印刷或书写字符或者用于识别图形，例如，指纹的方法或装置）和G06K9/62（应用电子设备进行识别的方法或装置）技术领域，其次倾向于G06N3/04（体系结构，例如，互连拓扑）和G06N3/08（学习方法）技术领域，四者分别占该发明人所发明的所有机器视觉专利的52.94%、41.76%、35.29%和29.41%。孙昊所发明的机器视觉相关专利的价值度在6~8之间，且其94.12%的专利都集中在价值度6~7之间，这意味着孙昊所发明的机器视觉相关专利普遍质量中等，专利价值度中等偏上。孙昊涉猎范围广，专利质量尚可，专利总数就公司内部而言较多，是百度内部的优质发明人。

谭啸以9件专利申请量排行第二。谭啸在机器视觉领域的研发主要集中于G06K9/00（用于阅读或识别印刷或书写字符或者用于识别图形，例如，指纹的方法或装置）与G06K9/62（应用电子设备进行识别的方法或装置）技术领域，二者分别占该发明人所发明的所有机器视觉专利的44.44%与33.33%，主攻领域与公司主攻方向高度契合。谭啸所发明的机器视觉相关专利的价值度在6~8之间且主要集中在价值度6中，价值度为6的专利占其发明的所有机器视觉专利的66.67%，专利质量与专利价值度普遍中等。

李超以8件专利申请量排行第三，侧重于机器视觉G06K9/00（用于阅读或识别印刷或书写字符或者用于识别图形，例如，指纹的方法或装置）与G06K9/62（应用电子设备进行识别的方法或装置）技术领域的研发，二者均占该发明人所发明的所有机器视觉专利的50%，研发方向与公司主攻方向高度契合。李超所发明的机器视觉相关专利的价值度在6~8之间，且主要集中在价值度6中，价值度为6的专利占其发明的所有机器视觉专利的75%，专利质量与价值度尚可。

6.企业技术申请趋势分析

图7-6-7和图7-6-8是北京百度网讯科技有限公司机器视觉技术申请趋势和技术功效趋势情况。

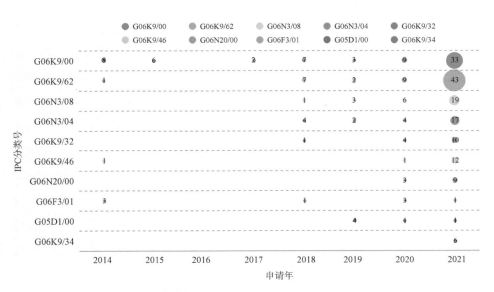

图7-6-7　北京百度网讯科技有限公司机器视觉技术申请趋势

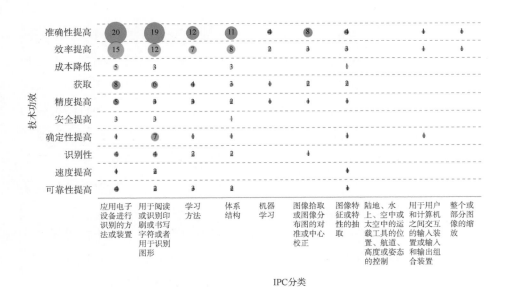

图7-6-8　北京百度网讯科技有限公司机器视觉技术功效趋势

从图7-6-7中可见，百度在2018年之前，在机器视觉领域以各技术领域分支零星探索为主，但G06K9/00（用于阅读或识别印刷或书写字符或者用于识别图形，例如，指纹的方法或装置）技术领域一直是百度专注发展的内容。2018年，随着专利申请量第一次突破20件，百度也在各技术分支开展多点布局，并在随后两年里小幅调整研发领域。近3年，百度形成了以G06K9/00（用于阅读或识别印刷或书写字符或者用于识别图形，例如，指纹的方法或装置）和G06K9/62（应用电子设备进行识别的方法或装置）技术领域为主要发展领域、G06N3/08（学习方法）和G06N3/04（体系结构，例如，互连拓扑）为次要发展领域的专利申请格局。而在机器视觉技术功效上，如图7-6-8所示，G06K9/00（用于阅读或识别印刷或书写字符或者用于识别图形，例如，指纹的方法或装置）和G06K9/62（应用电子设备进行识别的方法或装置）技术领域的"准确性提高""效率提高"是百度的技术功效主要研发方向。

七、凌云光技术股份有限公司

1.企业概况

凌云光技术股份有限公司（简称"凌云光"）成立于2002年，以光技术创新为基础，围绕机器视觉与光纤光学开展业务，致力于成为视觉人工智能与光电信息领域的全球领导者，曾获得一项国家技术发明一等奖和两项国家科学技术进步二等奖。公司战略聚焦机器视觉业务，坚持"为机器植入眼睛和大脑"，为客户提供可配置视觉系统、智能视觉装备与核心视觉器件等高端产品与解决方案。凌云光坚持以客户为中心，赋能电子制造、新型显示、印刷包装、新能源、影视动漫、科学图像、轨道交通等行业的智能"制造"。

凌云光成立20多年来，在光学成像、视觉软件与算法、核心视觉部件等领域持续产品创新。2006年，凌云光"LCD检测设备（ICON）"研制成功，并进行大批量推广。2007年，成功研制出EMVA1288测试平台，实现芯片相机光电性能参数定量测试。2008年，发布机器视觉平台软件VisionWare。同年，凌云光"电子标签检查机"研制成功。2012年，与清华大学合作研发"立体视频重建与显示技术及装置"，荣获国家发明一等奖，改变了我国现代影视特技拍摄工艺。2013年，"微米级高速视觉质量检测仪开发和应用"

重大仪器项目获国家科技部正式立项。2016年，基于工业视觉图像技术和网络通信技术开发的GMQM质量管理大师系统全面应用。2017年，凌云全新彩盒单张PrintMan系列包装印刷质量解决方案新品发布。2018年，显示屏攻克2.5D曲面检测技术，点灯探测深度学习开发成功。2019年，由清华大学、领域广技术集团等共同完成的"编码摄像关键技术及应用"项目荣获"2019年国家科学技术进步二等奖"。2021年，发布手机模组外观、MiniLED整线检测设备、糊盒连线质量检测设备等10余款全新产品。

2.企业专利申请趋势分析

对凌云光技术股份有限公司所有机器视觉专利以申请年与申请量为x轴与y轴制图，得该公司在机器视觉技术领域的全球专利申请趋势如图7-7-1所示。

从图7-7-1可以看出，凌云光虽然2008年就开始了机器视觉的专利申请，但早期年专利申请量一直维持在个位数甚至陷入停滞。2014年，专利申请量异军突起，大幅上涨至14件。此后，凌云光机器视觉专利申请趋势较好，波动上涨。近3年，凌云光机器视觉年专利申请量持续上涨，从发展趋势看，其申请量在未来应该还会进一步增加。

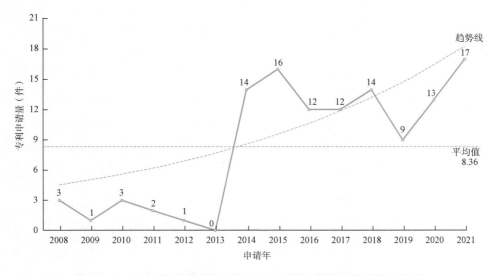

图7-7-1　凌云光技术股份有限公司机器视觉全球专利申请趋势

3.企业核心专利分析

对凌云光技术股份有限公司所有机器视觉专利根据施引专利数高低排序，该公司排行前十的专利见表7-7-1。

表7-7-1　凌云光技术股份有限公司核心专利（施引专利数TOP10）

公开号	公开日期	IPC-现版	施引专利数（次）
US5975710A	1999-11-02	G02B002714	75
CN104439698A	2015-03-25	B23K0026035	35
US6324016B1	2001-11-27	G02B001322|G02B001706|G02B001708	28
CN102253594A	2011-11-23	G03B004300	19
CN101982609A	2011-03-02	E01B003500|E01B002720|E01B003504|E01B003506|E01B003512|G01B001100|G01B0011255	18
CN105427288A	2016-03-23	G06T000700	15
CN104460698A	2015-03-25	G05D000312	13
CN104597055A	2015-05-06	G01N002188	13
CN106251341A	2016-12-21	G06T000700	10
CN105572144A	2016-05-11	G01N0021896	8

由表7-7-1可见，凌云光技术股份有限公司施引专利数最多的是公开号为US5975710A的专利，施引专利数75次，其DWPI标题为*Optical field splitter for splitting image obtained, by electronic video, surveillance camera, sensor of machine vision system*，IPC分类号为G02B5/08、G02B5/10、G02B17/00、G02B27/14，是"反射镜""具有曲面的（除透镜外的光学元件）""有或无折射元件的具有反射面的系统""只依靠反射操作"的技术分类。该专利发明了一种光学图像场分割系统，其适于允许使用单个照相机来观看单个物体的两个或多个图像或物体场景或来自多个物体的一个或多个图像。所述光学图像场分割系统包括照相机、镜对、透镜和与所述镜对间隔开的第三镜。反

射镜对包括限定第一反射平面表面的第一反射镜和限定第二反射平面表面的第二反射镜。所述第一反射平面表面相对于所述第二反射平面表面以第一预定角度取向。所述透镜耦合到所述照相机并且设置在限定在所述照相机和所述镜对之间的光路中。所述第三反射镜限定相对于所述第二反射镜的所述第二反射表面以第二预定角度定向的第三反射平面。在第三反射镜和第二反射镜之间限定光路长度。所述第三反射镜可相对于所述第二反射镜选择性地旋转，而不改变所述第一光路长度。

施引专利数第二的是公开号为CN104439698A的专利，施引专利数35次，其DWPI标题为*Calibration method used for laser processing system, involves etching calibration image on marking paper, to perform image distortion correction, so as to obtain calibration information between image and galvanometer coordinates*，IPC分类号B23K26/035，是"激光束的校准"的技术分类。该专利发明了一种用于激光加工系统的标定方法及装置。该申请中，首先根据预先编辑的标定图形，控制振镜中的镜片进行调整，并驱动激光器，以使激光器产生的激光光束透过振镜后，在预先放置在加工平台上的打标纸上蚀刻出所述标定图形；再获取相机拍摄的加工平台的图像，所述图像中包含有所述标定图形；然后根据所述图像，以及蚀刻在打标纸上的标定图形，进行畸变校正，获取图像坐标系和振镜坐标系之间的对应关系。本申请通过打标纸上的标定图形，实现畸变校正，不需要使用靶标，在保证精度的前提下节约了成本，简化了标定操作。

施引专利数排名第三的是公开号为US6324016B1的专利，施引专利数28次，其DWPI标题为*Telecentric lens for viewing terrestrial objects, has telecentric stop to permit only light rays reflected from collector lens to imaging lens, placed at focal point of collector lens between collector and imaging lens*，IPC分类号为G02B13/22、G02B17/00、G02B17/06、G02B17/08，是"远心物镜或透镜系统""有或无折射元件的具有反射面的系统""只用反射镜的（有或无折射元件的具有反射面的系统）""折反射系统"的技术分类。该专利发明了一种反射式远心透镜，其以伪离轴方式使用同轴型凹面镜以避免部分视场的阻

塞，以伪离轴方式使用的凹面镜允许焦光阑，成像透镜和胶片或电子检测器移出视场。

4.企业关键技术分析

对凌云光技术股份有限公司机器视觉专利的IPC技术领域进行统计，结果如图7-7-2所示。由下图易得，凌云光在机器视觉技术上最侧重于G06T7/00和G01N21/88这两个技术领域的研发。其中，在G06T7/00（图像分析）技术领域共计24件专利，占凌云光所有机器视觉相关专利的20.17%；在G01N21/88（测试瑕疵、缺陷或污点的存在）技术领域共计14件专利，占凌云光所有机器视觉相关专利的11.76%。

通过INCOPAT对该公司机器视觉专利进一步开展主题聚类分析发现，印刷质量检测（30件）、自动建模（28件）、图像采集（23件）、形状检测（23件）、视觉检测（15件）是该企业关注的内容，见图7-7-3。

5.主要发明人分析

凌云光技术股份有限公司视觉专利申请量排行前十的主要发明人、其涉足的技术领域及专利价值度如图7-7-4、图7-7-5、图7-7-6所示。

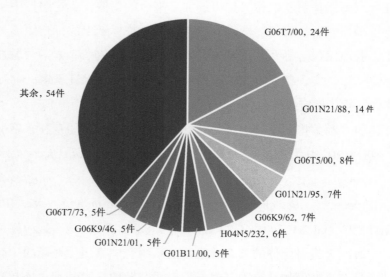

图7-7-2 凌云光技术股份有限公司机器视觉技术构成分布

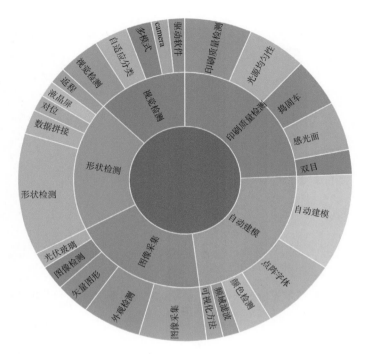

图7-7-3　凌云光技术股份有限公司机器视觉技术主题聚类图

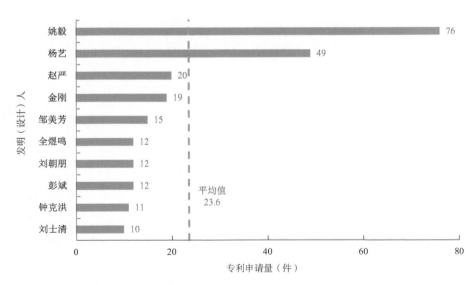

图7-7-4　凌云光技术股份有限公司机器视觉主要发明（设计）人专利申请量
（TOP10）

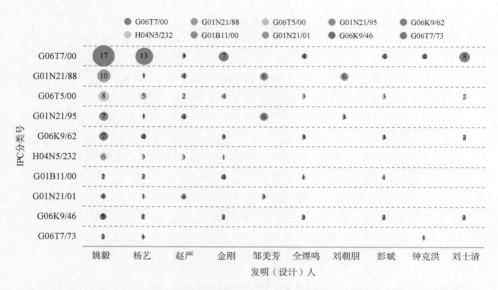

图7-7-5　凌云光技术股份有限公司机器视觉主要发明（设计）人专利技术构成
（TOP10）

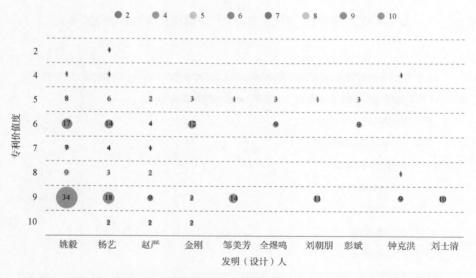

图7-7-6　凌云光技术股份有限公司机器视觉主要发明（设计）人专利价值
（TOP10）

由图7-7-4可见，该公司前十发明人专利申请量从10件到76件，平均为23.6件。申请量超过前十发明人专利申请量平均值的有姚毅、杨艺2人，头部发明人与排行前十的其他主要发明人之间已拉开较大差距。结合图7-7-5和图7-7-6可知，姚毅以76件的专利申请量遥遥领先，专利申请量达凌云光前十发明人专利申请量平均值的3.22倍。姚毅研发范围广，在公司主要发明人专利申请排行前十的机器视觉技术领域均有涉猎，但主要侧重于G06T7/00（图像分析）与G01N21/88（测试瑕疵、缺陷或污点的存在）技术领域，二者分别占该发明人发明的所有机器视觉专利的22.37%与13.16%。姚毅所发明的机器视觉相关专利的价值度大多集中在价值度9，价值度为9的专利占其发明的所有机器视觉专利的44.74%。姚毅专利申请总量多、研发涉猎范围广、专精程度高，所发明的专利质量好、价值大、重要性强，是凌云光技术股份有限公司机器视觉领域当之无愧的领军发明人。

杨艺以49件的专利申请量位居第二，专利申请量是凌云光前十发明人专利申请量平均值的2.05倍。杨艺在公司主要发明人专利申请排行前十的机器视觉技术领域均有涉猎，研发技术领域范围广，但最关注G06T7/00（图像分析）技术领域内的专利研发，在此技术领域内申请的专利占该发明人发明的所有机器视觉专利的26.53%。杨艺所发明的机器视觉相关专利的价值度分布在2～10区间内，且大多集中在价值度6和9中，价值度不小于9的专利占其发明的所有机器视觉专利的40.82%。杨艺利申请总量较多、研发涉猎范围广、专精程度高，所发明的专利质量较好、价值较大，是凌云光技术股份有限公司机器视觉领域的重要发明人。

6.企业技术申请趋势分析

图7-7-7和图7-7-8是凌云光技术股份有限公司机器视觉技术申请趋势和技术功效趋势情况。

从图7-7-7中可见，在凌云光机器视觉专利申请的早期，公司对G01N21/88（测试瑕疵、缺陷或污点的存在）和G01B11/00（以采用光学方法为特征的计量设备）技术领域进行了探索。2014年，凌云光机器视觉专利申请方向转为G01N21/95（特征在于待测物品的材料或形状）、G01N21/01（便于进行光学测试的装置或仪器）和G06T7/00（图像分析）技术领域。自2014年开始，G06T7/00（图像分析）成为凌云光持续深耕的技术领域，8年间凌云光在该技术领域连续提出专利申请，每年都有相关研发成果产出。近3年，凌云光专利申请的技术领域多点开花，技术分支覆盖更为全面。而凌云光的技术功效趋势如图7-7-8所示，G06T7/00（图像分析）技术领域的"精度提高"是凌云光最专注的赛道。

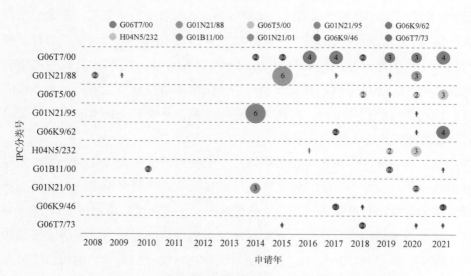

图7-7-7　凌云光技术股份有限公司机器视觉技术申请趋势

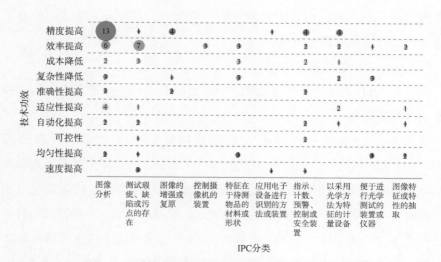

图7-7-8　凌云光技术股份有限公司机器视觉技术功效趋势

第八章

研究结论及建议

一、主要结论

1.机器视觉硬件专利分析结论

从硬件及其细分领域的专利申请的维度上可以发现，在2011年左右，硬件专利数从200件左右增长到1500件附近，呈现指数式增长的态势。这和2011年左右开始深度学习的热潮及机器视觉在国内科研院校中被广泛关注密不可分。

从机器视觉硬件及其细分领域的申请人维度可以看到，前十的申请单位由美国与中国包揽。两者的发展趋势有所不同。美国是近30年间都在机器视觉硬件专利上保持领先，但近些年发展较为停滞，这也和美国机器视觉行业已发展较为成熟有关。中国起步较晚，但在近5年增速很快，体现了很强的生命力，已经和美国形成了掎角之势。但根据申请单位的性质我们可以看出，美国的多为企业，中国的多为高校，可见美国在产业化上还是领先于中国。

从机器视觉硬件及其细分领域专利的技术领域维度可以发现，研究热点主要集中在End Of The Machine Vision Module（端部机器视觉模块）、Pressing Plate（压板）、Mechanism Efficiency Plate（机件效率板）、Object Side（目标对象侧）、Electric Push Rod（电动推杆）、Robot MainBody（机器人主体）、Scanner（扫描仪）等技术领域。其中，端部机器视觉模块、机件效率板和机器人主体是近5年业界尤为关注的内容。

从机器视觉硬件及其细分领域专利技术发展路线维度可以发现，机器视觉硬件的发展经历了技术萌芽期、技术成长期和技术高速发展期3个阶段。由于处于技术探索起步期、萌芽期（1982—1996年）的专利倾向于基础技术研发，较为关注系统设计等方面的内容技术成长期（1997—2010年），各申请人开始研发机器视觉识别成像相应装置的优化高速发展期（2011年至今）的机器视觉硬件技术拓展于更广泛的领域，尤其关注三维成像、动态追踪等内容。

2.机器视觉算法专利分析结论

从机器视觉应用及其细分领域的专利申请数量的维度上可以发现，同硬件的转折点一般是在2011年左右，专利数从300件左右增长到3000件附近，呈现指数式增长的态势。这和2011年左右开始深度学习的热潮及机器视觉在国内科研院校中被广泛关注密不可分。

从机器视觉应用及其细分领域的申请人维度可以看到，前十的申请单位依旧由美国与中国包揽，有6个申请人来自中国，4个申请人来自美国，中国申请人的整体实力强于美国。但是排名前五的申请人中，60%为美国企业，美国头部申请人的实力更雄厚，科研水平更高，中国申请人的优势不够突出。

从机器视觉应用及其细分领域的技术领域维度可以看到，机器视觉应用领域研究热点主要集中在Convolutional Neural Network Module（卷积神经网络模块）、Surface Defect Detection Method（表面缺陷检测方法）、Entertainment Application（娱乐应用程序）、Visual Detection Mechanism（视觉检测机构）、Wheel Alignment System（车轮定位系统）、Display Module（显示模块）、Fourth Lens（第四透镜）、Focus System（聚焦系统）、Screw Rod（螺旋杆）、Client Device（客户端设备）和Fusion Feature（融合功能）等方面。其中，Visual Detection Mechanism（视觉检测机构）、Convolutional Neural Network Module（卷积神经网络模块）和Isplay Module（显示模块）等内容为近5年重点研究内容。

从机器视觉应用及其细分领域的专利技术发展路线维度可以发现，机器视觉应用术从理论方法研究发展到实际应用，主要分为萌芽期、缓慢发展期和快速发展期3个阶段。缓慢发展期（2004—2014年）的技术重点依然集中在优化算法技术、完善跟踪定位方法等方面。快速发展阶段（2015年至今）机器视觉应用研究仍然集中在目标检测、对象定位等方面，但是应用范围拓展至充电系统、自动结账、库存管理等方面。

3.全球技术领先企业分析结论

美光科技有限公司1978年成立于美国爱达荷州博伊西，是以DRAM、NAND闪存和CMOS影像传感器为主营业务的综合性公司，产品广泛应用于移动、计算机、服务、汽车、网络、安防、工业、消费类及医疗等领域，是全球内存及存储解决方案的领跑者。从企业专利申请趋势分析，美光科技在1998—2006年间呈上升趋势，2006年后总体呈波动下滑。其核心专利主要涉及CMOS成像器件。从该公司近3年的技术趋势分析发现，美光科技有限公司近3年最关注的领域为T01-J14（语言翻译）、T01-J16C1（神经网络）、T01-J16C3（自然和图形语言处理）、T01-N01E（在线医学）和T01-N02A3（硬件）。

康耐视集团（Cognex Corp.）是全球领先的机器视觉公司，其产品包括广泛应用于全世界的工厂、仓库及配送中心的条码读码器、机器视觉传感器和机器视觉系统。从企业专利申请趋势分析，康耐视集团20世纪80年代就开始了机器视觉的全球专利布局，在这30年期间虽然有所波动，但一直保持着较高的专利产出。核心专利主要涉及机器视觉系统领域，这也和该公司目前的发展市场表现一致。而且我们可以发现，该公司专利的前十发明人中，合作非常紧密。从该公司近3年的技术趋势分析可以发现，Reconstruction（重建）、Subsequent Image（后续图像）、Instance（实例）、Dimensional Field Of View（立体视野）、Handheld Scanner（手持扫描仪）、Flaw（缺陷）、Interconnection Pad（互连焊盘）、Patterned Illumination（模式照明）、Contact（接触）、Calibration Object（校准对象）、Mirror Assembly（镜子组件）、Dark Field Illumination（暗视野照明）、Mobile Device（移动设备）等主题是该企业较为关注的内容。

基恩士集团（Keyence Corporation）是全球工业自动化和检测设备开发和制造领域的创新领导者，其产品包括读码器、激光刻印机、机器视觉系统、测量系统、显微镜、传感器和静电消除器。基恩士集团70%的产品都应用世界首创技术或行业首创技术。从企业专利申请趋势分析发现，基恩士集团在机器视觉领域的专利申请非常活跃，横向对比而言，基恩士专利年申请量均值与申请总量均名列前茅。核心专利主要涉及激光束加工、激光扫描型光电开关领域。该公司近3年最关注的领域为W04-P（视频信号处理）、T01-J16C1（人工智能知识加工的神经网络，包括使用在硬件中构建或在软件中模拟的并行分布式处理元素）、U21-C03C（逻辑功能及通用集成电路详解中的故障安全）、S02-C02（不连续体积流量计）和V03-B01C（控制器开关）。

Basler AG集团是一家全球领先的高品质相机和相机配件供应商，专注于计算机视觉领域的一站式解决方案。Basler AG集团的专利申请情况整体上不活跃，呈现低位稳定态势，期间偶有小高峰。这也和相机发展较为成熟、相关专利研发较为困难相关。其核心专利主要涉及光学测试相关领域，主要关注Sensitive Receiver（灵敏的接收器）、Lens（镜头）、Correction（更正）、Mark（标记）、Multiple Image（多重影像）等主题，近3年最关注的领域为S02-B01（测量视线距离；光学测距仪）、W04-M01（摄像机）、W04-M01G（摄像机结构细节）、T01-N01D1B（视频传输）与P81-A50C（用于查看附近或近距离物体的光学系统功能）。

MVTec Software GmbH是一家全球领先的机器视觉软件制造商，其产品可用于所有要求苛刻的成像领域，如半导体行业、表面检测、自动化光学检测系统、质量控制、计量、医学或监控。MVTec公司在机器视觉领域的专利申请量较为低迷，其核心专利主要涉及图像处理系统。对该公司机器视觉专利中的主题进行聚类分析发现，Parameter Determination（参数确定）、Model（模型）、Reflectance（反射率）、Layer Transistor Line（层晶体管线）等主题是该企业较为关注的内容。MVTec公司近3年最关注的领域为T01-J10B3A（对象放大、缩小和旋转）、U12-A01A1E（有机材料LED）、U12-A01A7（发光二极管显示器）、J04-C（测试、控制和取样，工业和实验室）和P84-A05A（使用光、红外线或紫外线波）。

日本CCS株式会社（英文名CCS Inc.）是知名的视觉成像专家，是LED光源领域的领导者。CCS株式会社在20世纪90年代就开始在全球范围内对机器视觉技术进行了持续的专利布局，但申请量一直保持在较低的水平，这是因为LED光源领域的成熟稳定相关。通过对该公司的核心专利及机器视觉专利中的主题进行分析发现，该公司的主要专利方向和关注点在光照射装置、LED光源相关技术领域。

4.中国技术领先企业分析结论

腾讯科技（深圳）有限公司是中国最大的互联网综合服务提供商之一，也是中国服务用户最多的互联网企业之一。该公司2014年开始提出机器视觉领域的专利申请，但年申请量一直维持在个位数，直到2017年才达到12件。然而，到了2019年，腾讯科技（深圳）有限公司年申请量迅速抬升到316件，是2018年26件申请量的12倍，爆发性强。2020年，腾讯机器视觉领域专利申请量更是攀升到了800件，同比增长153.16%，增长势头旺盛。通过对腾讯的核心专利和关键技术分析发现，腾讯的专利主要涉及图像分割方法、增强现实、人体三维模型、图像分类方法、数据测量方法等领域。腾讯机器视觉相关专利的爆发式增长也和我国人工智能的火爆契合。

广东奥普特科技股份有限公司是国内规模最大的集研发、生产、销售为一体的机器视觉高新技术企业，其产品包括视觉系统、光源、工业相机、镜头、3D激光传感器、工业读码器等。分析该公司专利申请趋势可以发现，该公司2006年成立之初就开始布局机器视觉领域的专利申请，但申请时断时续，且年申请量极低，至2017年期间，机器视觉专利年申请量都不超过10

件。2018年，年申请量扶摇直上，激增至55件，同比增长511.11%。通过对广东奥普特科技股份有限公司的核心专利和关键技术分析发现，该公司的专利主要涉及工业镜头、检测模组、光学模组、定焦镜头、全景拍摄。

杭州海康威视数字技术股份有限公司是以视频为核心的智能物联网解决方案和大数据服务提供商。分析该公司专利申请趋势可以发现，该公司在2014年开始了机器视觉专利布局。随着研发的深入，海康机器视觉领域专利申请量连续3年上涨，并在2017年达到峰值50件。2018年开始，海康机器视觉专利申请量逐年下跌。2018—2019年时回落幅度较小，年跌幅均在10%左右；2020年跌幅达41%，机器视觉专利年申请量重回20件左右。通过对海康威视的核心专利和关键技术分析可以看出，该公司专利主要涉及图像合成方法、人脸识别方法、目标识别方法、相机、摄像机。

深圳市大疆创新科技有限公司成立于2006年，如今已发展成为空间智能时代的技术、影像和教育方案引领者。分析大疆公司专利申请趋势可以发现，该公司在2013年开始明确提出"机器视觉"概念的专利申请，并在2014年将申请量迅速提升至34件，同比增长385.71%。之后，大疆公司机器视觉相关专利年申请量一直在较为稳定的区间范围内波动，年申请量峰值出现在2019年，达40件。总体而言，大疆公司机器视觉相关领域的专利申请总体上保持着较为稳定的研发状态。通过对大疆公司的核心专利和关键技术分析可以看出，该公司专利主要涉及相机参数、高光谱成像、基站、距离测量方法、卷积神经网络。

华为技术有限公司创立于1987年，是全球领先的ICT（信息与通信）基础设施和智能终端提供商。分析该公司专利申请趋势可以发现，华为在2011年开始机器视觉专利布局，2011—2012年处于起步阶段，申请数量极低，2013年申请量开始缓慢增长，直到2016年，年申请量突破30件。2017年华为机器视觉专利申请量滑入低谷，但次年专利申请进入快速发展的局面，申请量连续3年迅速增长，并在2020年达到顶峰，专利年申请量达到54件。通过对华为的核心专利和关键技术分析可以看出，该公司专利主要涉及元学习、视频图像编码、光耦合、摄像、单模光纤。

通过对中国国内5家领先的机器视觉企业专利维度的分析可以发现，2017年、2018年前后，各公司的专利数呈现井喷状态，相较于高校在2011年、

2012这两年出现爆发增长有6年左右的间隔，这也是前沿技术从高校到企业应用需要走过的路程。相较于国外的相关领先企业，可以看到，在机器视觉领域，国内公司基本是2010年后开始布局，远远晚于国外领先企业，但是国内企业的增长非常迅速，预计未来5年之内，可以实现超越。

二、国内外机器视觉技术发展前景展望

1.全球机器视觉技术发展前景

以全球视角来看，机器视觉技术最初起源于显微和航空图像的分析与理解、各种光学字符识别、工业零件表面缺陷监测等。随着现代工业自动化技术日趋成熟，越来越多的制造企业考虑如何采用机器视觉来帮助生产线实现检查、测量和自动识别等功能，以提高效率并降低成本，从而实现生产效益最大化。

目前全球机器视觉时长已较为成熟，缺陷检测人、人脸识别、智能交通等应用也都落地，服务于我们的日常出行。

未来全球机器视觉技术的发展前景依然明朗。例如，3D机器视觉技术、人工智能深度学习和机器视觉的进一步融合都会是未来发展的主流趋势。

（1）机器视觉由2D视觉逐步向3D视觉发展

随着算法算力的不断提升，为使机器视觉应用于更多复杂工业场景中，如基于机器视觉的三维重建及修补技术、三维扫描以及3D识别等技术对3D视觉技术有更高的要求。

（2）机器学习和深度学习在机器视觉系统的应用

可将机器学习的算法应用于机器视觉软件，提升系统运算处理能力。可将深度学习的特征学习能力和特征表达能力与机器视觉的实时性和高效性相结合，提升机器视觉的工作效率。

2.中国机器视觉技术发展前景

中国机器视觉领域在最近10年可谓是突飞猛进，不论质量还是数量都进步明显。但相较于美国，中国机器视觉技术的发展还面临很多问题。解决这些问题是机器视觉技术进一步发展的关键，也是未来机器视觉技术发展的趋势。

（1）国内高端产品的硬件主要依赖进口

国内在智能相机与传感器研发中，结合光学物理学科是机器视觉系统中的相机及传感器发展的一个重要突破口。在工业镜头与光源上，研发高分辨

率镜头和更小的光源是关键。

（2）模块化的通用型软件平台和结合AI技术软件平台是视觉软件的发展方向

视觉软件会缩短开发周期并降低对开发技术人员的要求。由于与之相匹配的算法工具发展有限，导致机器视觉技术在智能性方面达不到工业场景应用要求，因此，需加快相关算法的升级创新，从而进一步提升机器视觉系统的智能性。其中，模块化的通用软件平台和结合AI技术软件平台是视觉软件的发展方向。

三、机器视觉技术发展对策建议

1.行业内产品升级换代较快，对技术研发要求较高

中国的机器视觉行业是一个新兴行业，正在经历行业的快速发展期，随着机器视觉市场的广阔发展，行业内研发投入逐渐加大，相关技术发展迅猛，产品也日新月异，不断升级。为了适应机器视觉的行业趋势，各机器视觉企业不断推出适应市场的新产品，且近几年由于行业发展速度整体较快，涌现出了一批从事机器视觉行业的设备制造商，行业内企业如不注重提升自身的技术研发实力，则存在产品技术丧失竞争优势的风险。

2.宏观经济波动对机器视觉行业存在一定影响

机器视觉的主要下游电子信息制造行业受宏观经济影响较大，例如，2008年全球金融危机后，消费电子需求预期下降，影响到了我国电子信息制造行业。近两年，随着经济的复苏，在消费电子的带动下，半导体和电子信息制造行业也开始复苏。机器视觉的其他下游，如汽车制造、农业等也受宏观经济波动的影响，这就决定了机器视觉行业的发展需承受一定的宏观经济波动的影响。

3.专业人才短缺制约行业发展

机器视觉行业属于科技创新性产业，行业存在跨专业、跨学科、跨领域的特点，对机器视觉算法、光源技术、软件开发等多种高技术领域存在较高的要求，故此行业对复合型专业人才的需求极高。目前国内相关人才的数量和人员知识结构的不足，都直接影响了机器视觉产品的研发和工业化应用的能力。目前，能够满足上述机器视觉行业要求的高端复合型人才仍较为稀缺，成为限制机器视觉行业发展的因素之一。